KB249422

넘치는 뇌

Den översvämmade hjärnan

ⓒ Torkel Klingberg 2007 by Agreement with Grand Agency, Sweden, and EntersKorea Agency, Korea.

KOREAN language edition ⓒ 2012 by WillCompany

KOREAN translation rights arranged with Torkel Klingberg NeuroInfo Stockholm AB c/o Grand Nordic Agency AB, Sweden through EntersKorea co., Ltd., Seoul, Korea.

이 책의 한국어판 저작권은 (주)엔터스코리아를 통한 저작권자와의 독점 계약으로 도서출판 월컴퍼니가 소유합니다. 신 저작권법에 의하여 한국 내에서 보호를 받는 저작물이므로 무단전재와 무단복제를 금합니다.

넘치는 뇌
당신의 뇌가 정보 스트레스에 대처하는 법

2012년 3월 23일 초판 1쇄 발행
2012년 6월 15일 초판 2쇄 발행

지은이 | 토르켈 클링베르그
옮긴이 | 한태영
감수 | 정갑수
펴낸곳 | 월컴퍼니
펴낸이 | 김화수
등록 | 2011년 4월 19일 제300-2011-71호
주소 | (110-043) 서울시 종로구 자하문로13길 15, 1층
전화 | 02-725-9597
팩스 | 02-725-0312
이메일 | willcompany@nate.com
ISBN | 978-89-967751-1-9 03400

• 잘못된 책은 바꿔드립니다.
• 책값은 뒤표지에 있습니다.

넘치는 뇌

Overflowing Brain

당신의 뇌가 정보 스트레스에 대처하는 법

토르켈 클링베르그 지음 | 한태영 옮김 | 정갑수 감수

WILLCOMPANY

흔히 21세기는 생명의 시대 혹은 뇌의 시대라고 한다. 마지막 남은 미지의 인체 영역인 동시에 가장 중요한 부위인 뇌에 대한 관심이 점점 높아지고 있다. 다행스럽게도 기능성자기공명영상(fMRI)이나 양전자방사선단층촬영(PET) 같은 최첨단 영상장치의 발달에 힘입어 우리는 복잡하고 미묘한 뇌의 활동을 부분적으로나마 이해할 수 있게 되었다. 또한 최근의 뇌과학, 진화심리학, 신경과학, 인지심리학의 발달에 힘입어 뇌의 신비스런 비밀들이 점차 밝혀지고 있다.

"나는 누구인가?"라는 물음에 성 아우구스티누스(Aurelius Augustinus)는 "나는 곧 나의 기억"이라고 답했다. 이 말은 내가 단순히 존재하는 것이 아니라 기억을 통해 새롭게 완성되는 것으로 해석할 수 있다. 기억은 전화번호나 아는 사람의 얼굴을 머릿속에 저장하거나 시를 암송하는 능력 이상의 것이다. 기억이 없다면 우리는 단순한 문장 하나도 제대로 읽을 수 없다. 문장 안에 담겨 있는 내용을 이해하려면 문장이 끝날 때까지 최소한 문장의 첫 단어를 기억하고 있어야 하기 때문이다.

과거에는 기억을 창고나 도서관으로, 최근에는 컴퓨터로 비유하기를 좋아한다. 이러한 것들의 기능은 기억들을 적절한 방법으로 정리해놓음으로써 필요할 때 언제든지 신속하게 접근할 수 있도록 하는 것이다. 하지만 이러한 모델에는 기억은 있지만 회상은 없다. 사람들이 관심을 갖는 문제는 저장이 아니라 회상, 즉 기억을 떠올리는 것이다. 그래서 네덜란드의 작가 세스 노테봄(Cees Nooteboom)이 말한 것처럼 "기억은 마음 내키는 대로 아무 데나 가서 눕는 개와 같"거나 버지니아 울프(Virginia Woolf)가 기술했듯이 "기억은 바늘을 안팎으로, 위아래로, 이리저리 꿰며 바느질을 하는 침모와 같"다.

특정한 정보는 하나의 세포에 저장되기보다는 세포들의 집단에 특별한 패턴으로 저장된다. 즉 어느 그룹의 뉴런들이 어떤 모습으로 활동하는지에 따라 정보의 의미가 달라진다. 예를 들어 청각영역의 경우, 음악 소리를 들은 경험을 되살릴 때 특정한 뉴런의 다발이 일제히 활성화된다. 이와 같이, 하나의 기억이란 하나의 패턴인 것이다. 최초의 자극이 사라진 후에도 뇌에는 미미한 신호가 각인된 채 남아 있다. 똑같은 패턴이 여러 차례 반복되면 뉴런 집단이 활발해지면서 흥분되는 정도가 강해지고, 이것이 기억으로 형성된다.

뉴런은 화약처럼 분자들끼리 상호작용을 주고받으면서 동시에 발화한다. 화약과 다른 점은, 뉴런의 발화가 일회성으로 한정되지 않는다는 것이다. 또한 화약과 달리, 불이 붙는 방식도 느리거나 빠르거나 제각각이다. 뉴런의 발화가 빠를수록 전기신호의 크기를 나타내는 전류도 커지고, 이웃한 뉴런으로 전달되기도 쉽다. 인접해 있던 뉴런에서 자극을 받은 또다른 뉴런에는 화학변화가 일어난다. 이러한 자극들이 동시에 일어나면 인접한 뉴런들은 자극에 한층 더 민감해진다. 이러한 과정을 '장기증강'(LTP : Long-Term Potentiation)이라고 한다.

한번 발화된 뉴런은 오랫동안 민감한 상태를 유지한다. 만약 그 사이에 최초의 뉴런이 다시 흥분하면, 첫 번째에 비해 강도가 약하더라도 인접한 뉴런은 반드시 발화한다. 다시 말해 두 번째 발화는 훨씬 더 쉽게 일어난다. 이렇게 자극이 반복되면서 뉴런들이 통합되고, 어느 뉴런이 하나 활성화되기만 해도 그것과 연결되어 있는 뉴런 다발들이 동시에 발화한다. 이것이 바로 기억의 메커니즘이다. 기억을 단순하게 정의하면 '감각에 의해 받아들여진 자극에 대한 반응으로 뇌에서 학습을 통해 다시 풀어내는 것'이다.

전두엽은 정보나 아이디어를 조직화, 서열화하고 의사결정, 시간관리, 기타 복잡한 과업을 수행하는 안내자 역할을 하는 사령부다. 전두엽에서 과거의 기억이나 외부의 경험으로부터 필요한 정보만을 재조합하는 '작업기억'을 처리한다. 작업기억은 단기기억의 일종이며, 정보가 장기기억으로 저장되기 전까지 짧은 시간 동안 정보를 저장하고 활용할 수 있는 능력이다. 작업기억이 손상을 입으면 논쟁이나 주장을 펼친다든지, 문장의 내용을 기억하는 것이 힘들어진다.

시공간의 한계를 뛰어넘는 새 기술이 발명될 때마다 사람들은 주의력이 떨어지고 건망증이 심해졌다. 인간의 삶이 극적으로 바뀌면서 속도나 시간과 관련된 갖가지 질병, 즉 신경쇠약증에 걸리기 시작했다. 신경쇠약증은 재능과 시간에 대한 지나친 요구 또는 자기파괴에 의해 생겨난 불안이나 공포, 걱정을 말하며, 주요 증상은 끊임없이 두리번대는 주의력결핍이다.

우리는 기억을 저장하는 데 과학기술에 너무 많이 의존하고 있다. 정보를 사냥하기 위해 뇌를 운동시키지 않는다면 장기적으로는 중요한 뇌기능이 퇴화할지도 모른다. 일본 홋카이도의과대학의 사와구치 토시유키(澤口俊之)는 컴퓨터를 주된 업무도구로 사용하는 사람들 중 10퍼센트는 새로운 일을 기억하거나 옛 정보를 끄집어내 중요한 정보와 그렇지 않은 정보를 구별하는 능력을 상실했다는 연구결과를 발표했다. 전자다이어리와 휴대전화 단축키, 맞춤법교정기, GPS로 인해 뇌의 사용빈도가 낮아져서 결국 학습이나 기억력과 관련된 뇌 부위가 부실하고 허약해졌기 때문이다.

불행하게도 현재 우리 삶은 끊임없이 방해받는 것이 정상적인 상황이 되었다. 현대 생활의 문제는 다음 행동으로 옮기기 전에 무엇이 중요한 일인지 따져볼 만큼 충분한 시간이 없다는 점이다. 바쁘게 생활하는 것 같지만, 돌이켜보면 특별히 하는 일도 없이 하루가 흐리멍덩하게 흘러간다. 복잡한 사고를 실행하고 집중하기 위해서는 들어오는 자극과 내보내는 욕구를 충분한 시간 동안 제어할 수 있어야 한다. 멀티태스킹은 더 많은 일을 더 빠른 시간 내에 처리하고자 하는 욕심 많은 사람들이나 성미 급한 사람들이 이용하는 전략으로 오랫동안 잘 알려져왔다. 하지만 멀티태스킹 능력은 오히려 주의를 집중하는 데 방해가 된다. 일상적이고 단순한 일을 제외하면 여러 가지를 한꺼번에 처리하는 것보다는 한 번에 하나씩 과제를 수행하는 것이 훨씬 더 효과적이다.

많은 정보와 동시다발적 상황, 빠른 속도, 여러 가지 방해요소 등을 특징으로 하는 정보화사회는 우리가 일종의 주의력결핍에 시달리고 있는 것처럼 느끼게 만든다. 오늘날 평균적인 지식근로자들은 3분마다 집중하는 대상이 바뀐다고 한다. 일단 주의력을 잃었다가 원래 하던 일을 다시 시작하기까지는 30분 가까운 시간이 걸린다. 컴퓨터, 휴대전화 등 다양한 과학기술을 통해 이메일이나 문자메시지 등 많은 양의 정보를 계속 다루다 보면 사고체계와 행동방식이 바뀔 수 있다. 특히 매순간 정보를 확인하는 버릇은 원초적인 수준의 기회와 위협을 처리하는 데 관계된 도파민 호르몬의 분비를 유도해 '중독'에 이르게 한다. 도파민으로 인한 흥분이 가라앉으면 이번에는 지루함이 밀려들며 금단증세가 나타난다. 따라서 정보에 대한 갈증이 더욱 커지게 된다. 산만함으로 인한 피해도 적지 않다. 운전 중 휴대전화 사용이 사고를 유발하듯, 멀티태스킹이라는 '환상'은 집중력과 창의성을 저하시키고 인간적인 생활을 파괴한다. 한마디로 정보의 바다를 헤매다 망각의 바다에 빠지는 격이다.

이 책은 작업기억과 멀티태스킹, 주의력결핍과잉행동장애(ADHD)

에 관해 일반인과 전문가를 위한 최고의 길잡이 역할을 하고 있다. 이미 '추천의 글'에서 엘코논 골드버그 박사가 충분히 설명하고 찬사했으므로, 감수자로서 이 책에 대해 더 언급하는 것은 사족에 불과할 것이다. 뇌에 관해 한마디 더 덧붙인다면, 우리가 살고 있는 이 세상을 이해하는 가장 좋은 방법은 우리 자신을 이해하는 것이다. 우리가 생각하고 느끼고 행동하는 모든 것이 뇌에서 이루어지므로, 뇌를 아는 것이야말로 진정으로 우리 자신을 알 수 있는 유일한 방법이리라.

정갑수

차례 --

감사의 글

이 책의 초고를 읽고 소중한 의견과 조언을 아끼지 않은 친구들, 동료들에게 감사하다고 말하고 싶다. 또한 건설적인 의견을 아끼지 않은 나투르오크쿨트르(Natur och Kultur) 출판사의 편집자 토비아스 노르드크비스트와 레나 포르센, 로테 므제버그도 고맙다. 지능과 진화에 관한 내용에서는 각각 장-에릭 구스타브손(Jan-Eric Gustafsson)과 마그누스 엔퀴스트(Magnus Enquist)의 도움을 많이 받았다.

이 책을 훌륭하게 영어로 번역해준 닐 베터리지에게도 감사한다. 기꺼이 추천사를 써준 엘코논 골드버그(Elkhonon Goldberg) 박사와, 영문판 발간을 도와준 그레이그 패너, 데이비드 드아도나, 수 와가를 비롯한 옥스퍼드대학출판부 여러분에게도 감사한다.

마지막으로, 격려와 성원을 보내준 부모님과 아내 안나-카린, 응원해준 두 딸 한나와 리니아에게도 고마운 마음을 보낸다.

토르켈 클링베르그

알아두기

1. 본문 하단의 주는 옮긴이/편집자 주입니다.
2. 논문이나 책의 영문 제목, 영문 약어의 전체 표기 또한 하단의 주에 표시했습니다.
3. 인치, 파운드, 피트 등 단위는 모두 센티미터, 킬로그램, 미터 등으로 환산했습니다.

맨해튼 중심부는 원래도 조용한 곳은 아니었지만, 휴대전화와 아이팟 열풍이 불어닥친 지난 10여년 사이에 더욱 부산한 곳이 되었다. 휴대전화와 아이팟은 그야말로 맹렬한 기세로 우리에게 다가왔다. 이런 기기들이 사회가 자멸에 이르는 길에 변곡점을 제공했을까? 사람들은 이동 중에도 음악을 듣거나 통화하거나 문자메시지를 주고받거나 사진을 찍는다. 동시에 마주 오는 사람하고도 부딪히지 않아야 한다. 하지만 결코 쉽지 않은 일이다. 휴대전화를 이용하다가 마주 오던 사람과 부딪히거나 길에 놓인 물건이나 심지어 지나가던 개에 발이 걸려 넘어지거나 막다른 벽에 부딪히거나 차에 치일 뻔한 아슬아슬한 광경은 우리 주변에서 흔히 목격할 수 있는 일상이 되었다.

　길을 걸어가며 자신의 멀티태스킹(multitasking) 능력을 초과해 이런저런 기기를 사용하느라 허둥대는 사람들의 모습은 우스꽝스럽기도 하지만, 동시에 우리 시대의 자화상이자 우리 문화가 직면한 일반적인 도전과제를 보여준다. 우리는 점차 정보의 홍수에 빠져들고 있다. 정치가와 경제학자들이 우리 사회를 지탱하기 위한 에너지 공급부족을 걱정하는 것처럼, 우리는 평범한 사람들을 산만하고 혼란스럽게 만드는 과도한 정보의 홍수를 걱정해야 한다.

보통 사람이 차에 치이거나 마주 오는 사람과 부딪히지 않으면서 얼마나 많은 일을 동시에 처리할 수 있을까? 지금보다 훨씬 더 차분하고 고요한 시대부터 진화해온 인간의 뇌는 현대문명의 발전으로 말미암아 용량의 한계에 도달했거나 어쩌면 이미 그 한계를 초과하지 않았을까? 인간의 멀티태스킹 능력이나 병렬처리(parallel processing) 능력에는 한계가 있을까? 이러한 한계에 대한 체계적이고 심도 있는 연구가 가능할까? 두뇌훈련을 통해 이러한 한계를 극복할 수 있을까?

이 물음에 토르켈 클링베르그 박사만큼 명쾌한 답변을 해줄 수 있는 사람은 흔치 않다. 박사는 스웨덴과 미국에서 공부하면서 중요한 연구를 여럿 진행했고, 인지신경과학 분야의 첨단기초과학 연구가 환자와 일반인의 생활에 미칠 수 있는 잠재성에 대해 탁월한 안목을 갖추고 있는 것으로 동료 학자들 사이에 정평이 나 있다.

박사는 스웨덴 스톡홀름에 있는 카롤린스카연구소(Karolinska Institute)*에서 인지신경과학 교수로 활동하고 있다. 신경망 모델링뿐만 아니라 기능성자기공명영상(fMRI)**과 확산텐서영상(DTI)*** 같은 첨단기술을 이용해 실행기능(executive functions)****과 주의력의 메커니즘을 밝히고, 이들이 발달과정에서 비정상화되는 다양한 방식을 규명하는 대규모 연구 프로젝트를 이끌고 있다. 과거 박사의 연구성과를 토대로 작업기억(working memory) 훈련을 통한 인지재활 방법이 개발되었으며, 이 방법은 현재 유럽과 미국에서 널리 활용되고 있다.

최근 두뇌에 대한 일반인들의 관심이 높다. 지난 몇 년 동안 뇌에 관한 일반대중서가 명실공히 하나의 장르로 자리잡았다. 이러한 책들 중에서도 토르켈 클링베르그 박사의 《넘치는 뇌》는 폭넓은 내용과 명쾌하고 흥미로운 설명으로 단연 돋보이는 책이다. 박사의 탁월한 식견은 진화와 신경과학의 역사, 최첨단 연구방법, 정보이론, 두뇌가소성*****에 관한 최근의 발견, 다양한 신경발달장애에 대한 심도 있는 고찰 등을 아울러 '넘치는 두뇌'에 대한 우리의 이해에 깊이를 더해준다.

일반대중서로서 뇌 관련 서적은 대부분 전문 저널리스트나 과학저술가가 인지신경과학에 관한 간접적인 지식을 실어나르는 것인 반면, 《넘치는 뇌》는 인지신경과학 분야의 진정한 권위자인 토르켈 클링베르그 박사가 썼다는 점에서 그만큼 신뢰도가 높다 하겠다. 또한 일반대중서에서 흔히 발견할 수 있는 공허하고 어

• 1810년 설립된 스웨덴의 명문 의과대학이자 연구기관.

•• 57쪽 참고.

••• Diffusion Tensor Imaging

•••• 최선의 문제해결을 위해 어떤 전략을 언제, 어디서, 어떻게 적용할 것인지를 알고 적용하는 기능. 심리학자나 신경과학자 사이에서는 '인지조절'과 동일한 개념으로 사용되기도 한다.

••••• 36쪽 참고.

설픈 배려로 이야기를 흐리지 않고 독자에게 정확하고 실질적인 내용을 전달하는 데 노력을 아끼지 않았다. 동시에 이 책을 주목할 만한 특별한 이유는, 전문 과학저술가도 반하게 만들 만큼 내용이 우수하다는 것이다. 이렇게 내용과 형식이 절묘하게 결합된 이 책은, 전문가뿐만 아니라 교양 있는 일반독자에게는 고급스런 일반서로, 전공 학생에게는 부교재로 손색이 없다.

다른 연구분야와 마찬가지로 인지신경과학과 임상신경심리학계에도 유행이라는 것이 있다. 유행을 타는 개념은 명확한 실체없이 빠르게 확산되면서 부풀려지기 쉽다. '작업기억'은 앨런 배들리(Alan Baddeley)와 퍼트리샤 골드먼-라키즈(Patricia Goldman-Rakic) 같은 유력한 신경과학자들이 소개한 선구적 개념이지만, 이후 여러 가지 부작용을 낳으면서 일시적 유행으로 전락했다. 토르켈 클링베르그 박사는 작업기억의 개념에 과학적 엄격함과 명확성을 회복시켜줌으로써 매우 중요한 기여를 하고 있다. 바로 이 점이 이 책을 일반독자와 전문가 모두에게 유용하게 만드는 이유다.

'주의력결핍과잉행동장애'(ADHD)*는 원래 중요하고 의미 있는 개념이었으나, 유행을 타면서 과학적 진가와 임상적 타당성을 잃고 희석되고 부풀려졌다. 여기서도 토르켈 클링베르그 박사는 엄격함과 명확성을 가지고 주의력결핍과잉행동장애 개념에 신중하게 접근함으로써 일반독자와 전문가 모두에게 큰 도움을 준다.

* Attention Deficit Hyperactivity Disorder

"익숙하면 무시하기 쉽다"는 말이 있다. 익숙함은 또한 이해했다는 착각을 불러일으키기도 한다. 지능지수, 즉 '아이큐'(IQ)[**]라는 개념은 오랫동안 주류문화의 일부였기 때문에 일반인들 사이에서 명확한 이해 없이 남용되는 경향이 있다. 하지만 막상 물어보면 아이큐의 정의를 정확하게 말할 수 있는 사람은 흔치 않다. 토르켈 클링베르그 박사는 엄격한 신경과학적, 사회과학적 맥락에서 아이큐의 개념을 명쾌하게 설명한다.

이 책은 이렇게 짧은 추천사에서 다 소개하기 어려울 만큼 풍부한 정보와 명쾌한 설명을 담고 있다. 일반독자와 전문가 모두 읽고 소장해도 좋을 만큼 훌륭한 책이라고 감히 단언한다.

뉴욕에서
엘코논 골드버그

[**] Intelligence Quotient

1장

석기시대의 뇌,
정보의 홍수를 만나다

The Overflowing Brain

당신은 지금 막 방 안으로 들어왔다. 뭔가를 찾기 위해 들어온 것 같기는 한데, 도통 기억이 나지 않는다. 도대체 뭐 하러 들어왔는지 기억해내려고 멍하니 벽을 바라본다. 조금 전에 자신에게 내린 지시사항이 순식간에 머릿속에서 사라져버렸다. 어쩌면 휴대전화 때문에 정신이 팔렸을 수도 있다. 아니면 두세 가지 일을 동시에 처리하려고 했는지도 모른다. 원인이야 어찌 됐든, 결과는 당신 뇌에 과부하가 걸렸고, 그로 인해 당신은 방 안에서 혼자 멍하니 벽을 바라보고 있게 되었다.

정보를 처리하기 위한 우리 두뇌의 용량에는 한계가 있다. 이 책에서는 왜 우리 두뇌의 정보처리 능력에 한계가 있는지, 이러한 한계가 우리의 일상생활에 어떤 영향을 미치는지, 그리고 두뇌훈련을 통해 이러한 한계를 어떻게 극복할 수 있는지 알아보려고 한다.

정보기술과 통신의 발달로 우리에게 정보가 점점 더 빨리, 많이 제공되는 상황에서 우리 두뇌의 한계는 더욱 여실히 드러난다. 정보처리의 한계는 이제 기술이 아니라 우리 자신의 생물학적 한계에 의해 결정된다. 이러한 상황은 점점 더 복잡해지는 업무환경에서 특히 두드러진다. 린다(Linda)의 사례를 예로 들어보겠다. 린다는 가상의 인물이지만 필자의 가까운 친구를 모델로 삼았으며, 대부분의 사람들에게 익숙한 업무환경에서 근무하는 직장인이다.

린다는 IT업체의 프로젝트매니저로 일하고 있다. 린다의 한 주는 월요일 아침 8시 30분 사무실에 출근하면서부터 시작된다. 커피 한 잔을 책상 위에 올려놓고 주말 동안 쌓인 이메일부터 확인한다. 삭제할 메일과 나중에 읽을 메일, 즉시 답변해야 하는 메일, 업무에 반영해야 하는 메일을 중요도별로 컴퓨터에 정리하고, 스마트폰과 동기화해야 하는 메일이 어떤 것인지 결정한다. 그러다 보면 이메일 정리가 채 끝나지 않았는데 어느새 시간이 10시가 되어 있다.

린다는 일단 이메일은 미뤄두고 급한 일부터 처리하기로 마음먹는다. 가장 먼저 보고서를 작성해야 하고, 그런 다음 부하직원들의 업무진행 보고서를 검토해야 한다. 3분 정도 보고서를 작성하고 있는데, 컴퓨터 구매에 관해 승인이 필요한 직원이 찾아온다. 직원과 함께 컴퓨터업체의 웹사이트에 들어가서 구입가능한 제품들을 재빠르게 훑어본다. 이때 지난주 금요일에 온 이메일과 관련해 린다에게 문의전화가 온다. 통화가 길어지자 직원은 자리로 돌아가고, 린다는 전화에서 언급한 이메일을 급하게 찾느라 때마침 울려대는 휴대전화는 무시한다. 계속 통화하면서도 상대방의 이야기를 듣는 잠깐의 틈을 타 이미 띄워놓은 이메일 프로그램에서 스팸메일을 삭제한다.

우리에게 익숙한 오늘날의 사무실 풍경이다. 미국 내 기업을 대상으로 시행한 조사에 따르면, 직장인들은 대략 3분마다 다른 일로 업무에 방해를 받으며, 컴퓨터 작업을 할 때는 평균 8개의 창을 동시에 띄워놓는다고 한다. 정신분석학자 에드워드 할로웰(Edward Hallowell)은 〈과부하가 걸린 회로 : 똑똑한 사람들의 업무 수행 능력이 떨어지는 이유〉*라는 제목의 기고문에서 린다 같은 직장인들이 처한 상황을 설명하기 위해 '주의력결핍성향'(attention deficit trait)이라는 용어를 제안했다.

사실 이 용어는 새로운 의학적인 진단명이 아니다. 단지 정보기술의 발달과 급변하는 업무환경이 야기한 정신상태를 설명하기 위해 만들어낸 말이다. 그저 라이프스타일의 하나일 뿐이라고 대수롭지 않게 생각하는 사람도 있을 것이다. 하지만 이 용어는 '주의력결핍과잉행동장애'(이것에 대해서는 나중에 좀더 자세히 살펴본다)**의 일종인 '주의력결핍장애'(ADD)***에서 따온 말이다.

• Overloaded circuits: Why smart people underperform
•• 제9장에서 주의력결핍과잉행동장애를 설명하고 있다. 이후 주의력결핍과잉행동장애는 ADHD로 표기한다.
••• Attention Deficit Disorder

주의력결핍장애는 '주의를 지속하기가 어렵다', '여러 가지 업무나 활동을 잘 조직하기가 어렵다', '외부의 자극에 쉽게 주의가 산만해진다', '건망증 때문에 일상적인 활동에 제약이 있다' 등 일련의 증상을 통해 진단된다. 이로 말미암아 직장에서 업무를 제대로 수행하지 못하거나, 약물치료가 필요할 정도로 심각한 경우도 자주 있다.

에드워드 할로웰이 만든 '주의력결핍성향'이라는 용어는 복잡하고 빠른 오늘날의 업무환경으로 말미암아 어떻게 우리가 주의를 집중하는 데 어려움을 겪고, 업무수행 능력에 한계를 느끼게 되는지를 잘 보여준다. 그런데 우리의 뇌가 정보의 홍수에 빠져 있는 것은 사실이지만, 그렇다고 해서 정말로 정보화사회가 사람들의 주의력을 훼손한다고 단언할 수 있을까? 도대체 주의력이란 무엇이며, 복잡한 업무환경에서 무엇이 정신적인 부담을 가중시키는 것일까?

우리의 일상적인 업무환경에는 끊임없이 우리를 산만하게 만드는 여러 가지 요소들이 도처에 널려 있다. 이런 방해요소들은 모기처럼 우리 주변에서 윙윙대 업무에 집중하기 어렵게 만든다. 정보의 홍수는 우리가 받아들여야 하는 데이터의 양뿐만 아니라 우리가 차단해야 하는 데이터의 양도 증가시켰다. 집중을 어렵게 만드는 한 가지 예가 오픈플랜(open-plan) 사무실*이다. 이러한 구조

---

* 건물 내부가 벽으로 나뉘지 않고 한데 트여 있는 사무실을 말한다.

가 서로 간에 커뮤니케이션을 향상시키고 자극이 되는 장점이 있는지는 몰라도, 전화벨 소리나 잡담, 문자메시지 도착음 등 우리가 의식적으로 무시하려고 노력해야 하는 여러 가지 방해요소들의 유입을 크게 늘렸다.

집중을 어렵게 만드는 또다른 예는 우리가 정보를 얻는 방식이 변화한 것에서도 찾아볼 수 있다. 책이나 신문보다는 인터넷에서 정보를 찾는 경우가 점점 더 늘고 있다. 대개 신문 지면의 여백에 실린 광고에 주의를 빼앗기지 않고 기사를 읽기는 쉬워도, 각종 배너광고로 도배된 인터넷 화면에서 기사에 집중하는 일은 생각만큼 쉽지 않다. 그렇다면 과연 두뇌의 무엇 때문에 우리는 여러 가지 방해요소를 무시하고 집중할 수 있을까?

멀티태스킹은 짧은 시간에 더 많은 일을 처리하고자 하는 모든 사람에게 쉽고 빠른 해결책이 된다. 하지만 여러 가지 일을 동시에 처리하거나 그렇게 하려고 노력하는 일은 일상적인 활동이라도 무척 까다롭다. TV를 보며 러닝머신에서 달리는 일은 그다지 어렵지 않다. 껌을 씹으며 일직선으로 걷는 일 역시 마찬가지다. 하지만 운전하면서 휴대전화로 통화하는 일은 생각만큼 쉽지 않다. 한 손으로 운전대를 잡고 기어를 바꾸거나 도로 전방과 휴대전화 화면을 동시에 보는 게 어렵다는 사실은 제쳐놓더라도, 운전 중 휴대전화 사용은 운전자의 주의를 분산시켜 사고의 위험을 높인다. 여러 연구결과에 따르면, 집중이 필요한 일을 하면서 운전을 하는 운전자는 반응시간이 최대 1.5초 느리다고 한다. 그렇다면 왜 어떤 일들은 동시에 수행하기가 어려울까? 때로 두뇌가 동시에 두 가지 일을 할 수 없는 이유는 무엇일까?

기술의 발전으로 멀티태스킹이 권장사항을 넘어 필수적인 일이 되어버린 오늘날, 멀티태스킹이라는 이슈는 특히 많은 사람들의 관심대상이 되고 있다. 무선혁명으로 말미암아 공간적인 제약이 사실상 사라졌다. 길을 걷거나 운전하면서, 혹은 TV를 보면서 통화하기도 하고, 지속적으로 업데이트되고 실시간으로 길을 안내하는 내비게이션을 이용해 운전한다. 회의 중에도 휴대전화로 문자메시지를 보내거나 이메일을 읽을 수 있다. 퇴근 후에는 집에 돌아와 TV를 보며 휴식을 취하면서도 화면에 지나가는 자막을 통해 추가적인 정보를 얻고, 심지어 어떤 TV는 한 화면에서 여러 채널을 동시에 보여주기도 한다. 소파에 앉아 TV를 보면서도 무선으로 인터넷에 연결된 노트북을 사용한다.

우리는 정보와 일종의 애증관계에 있다. 우리는 마치 마약에 중독된 사람들처럼 더 많고, 더 빠르고, 더 복잡한 정보를 원한다. 하지만 소파에 앉아 TV 뉴스의 헤드라인을 눈으로 좇으며 화면에 지나가는 글씨들을 하나도 놓치지 않고 읽으려고 애쓸 때 우리는 대부분 역량의 한계를 느낀다. 우리 두뇌가 이미 많은 정보로 가득 찼다고 느낀다. 아니, 차다 못해 이미 넘쳐흐르고 있다.

심리학과 두뇌연구를 통해 새롭게 밝혀진 바에 따르면, 멀티태스킹과 집중이 어려운 것은 결국 한 가지 중요한 한계, 즉 정보보유 능력에 한계가 있기 때문이다. 두 가지 일을 동시에 하려면 머릿속에서 두 가지 명령을 동시에 처리해야 한다. 이렇게 하려면 한 가지 명령을 수행할 때에 비해 처리해야 하는 정보의 양이 2배가 된다. 이때 다른 일에 정신이 팔리면 처음 정보를 잃어버리게 되고, 결국 방 안에 들어와 뭘 하려고 했는지 까먹고 멍하니 서 있게 되는 것이다.

정보보유 능력의 한계는 다음과 같은 두 가지 상황에서 여실히 드러난다. "두 블록을 직진해서 가다가 좌회전해서 한 블록 가세요"라는 길안내를 받았다면 이런 정보를 기억하는 데는 별다른 어려움이 없을 것이다. 하지만 "두 블록을 직진한 다음 좌회전해서 한 블록 가고, 우회전해서 세 블록 가다가 다시 좌회전, 그리고 세 블록 간 다음 우회전하세요"라는 길안내를 받았다면 길을 잃어버릴 확률이 높아진다. 정보의 양이 너무 많기 때문이다. 마찬가지로 4자리의 비밀번호는 한 번 들어도 쉽게 기억할 수 있지만, 12자리의 OCR* 코드는 한 번 듣고 기억하기가 거의 불가능하다.

마법의 숫자 7

"신사숙녀 여러분, 저는 정수로부터 박해를 받아왔습니다." 조지 밀러(George Miller)가 1956년에 발표한 〈마법의 숫자 7, 플러스 마

• Optical Character Reader. 광학식 문자판독 장치.

이너스 2 : 정보처리 능력의 한계〉라는 논문에서 화두로 던진 말이다. 여기에 함축된 전제는, 인간이 정보를 받아들이는 능력에는 일정한 한계가 있고, 이 한계는 대략 7개 항목 언저리에 있다는 것이다. 다시 말해서 두뇌의 대역폭(bandwidth)**에는 내재된 한계가 있다는 것이다. 이 논문은 20세기 심리학 발전에 큰 영향을 끼친 글 가운데 하나다.

조지 밀러가 이 논문을 발표한 1950년대 중반은 심리학 분야에서 '정보'라는 용어에 대한 관심이 급격히 증가하던 때였다. 과학자들은 제2차세계대전 중에 적군의 암호를 해독하기 위해 컴퓨터를 개발하기 시작했고, 수학자와 물리학자 들은 정보의 개념을 정량화하고 구리전화선을 통한 정보전달의 한계를 시험할 여러 가지 방법들을 제안했다. 조지 밀러는 물리학자들이 구리선을 보는 것처럼 심리학자들이 인간의 두뇌를 바라볼 수 있다고 생각했다. 두뇌는 단위시간당 일정한 양의 정보를 전송하는 인터넷 회선과 다르지 않은, 측정가능한 속도를 가진 '통신채널'로 간주되었다.

조지 밀러가 발표한 논문의 요지는 우리 두뇌의 용량에는 한계가 있다는 것이다. 그리고 그는 숫자 7이 우리 주변에서 믿을 수 없을 만큼 자주 등장할 뿐 아니라, 상상을 자극하는 마력을 지

* The magical number seven, plus or minus two: Some limits on our capacity for processing information
** 컴퓨터 네트워크나 인터넷이 정해진 시간 내에 보낼 수 있는 정보의 양을 나타내는 말.

니고 있다는 점을 지적한다. 조지 밀러는 논문 후반부에서 이렇게 묻는다. "세계 7대 불가사의, 7대양, 일곱 가지 죄악, 아틀라스(Atlas)의 일곱 딸, 인간의 일곱 나이, 지옥의 일곱 단계, 7원색, 7음계, 일주일의 7일 등은 모두 우연의 일치인가?"

조지 밀러의 생각은 [그림 1-1]에 잘 나타나 있다. 그림에서 x축은 받아들이는 정보의 양이고, y축은 올바르게 재생되는 정보의 양이다. 일련의 숫자를 듣고 암기하는 테스트를 예로 들어보자. y축은 올바르게 암기할 수 있는 숫자의 개수를 나타낸다. 가령 2자리 수를 들었다면 쉽게 암기해서 쓸 수 있을 것이다. 이때는 그래프의 직선상에 위치하며, 정보의 입력과 출력이 동일함을 나타낸다. 하지만 12자리나 20자리의 수를 듣고 암기해야 한다면 아마 7

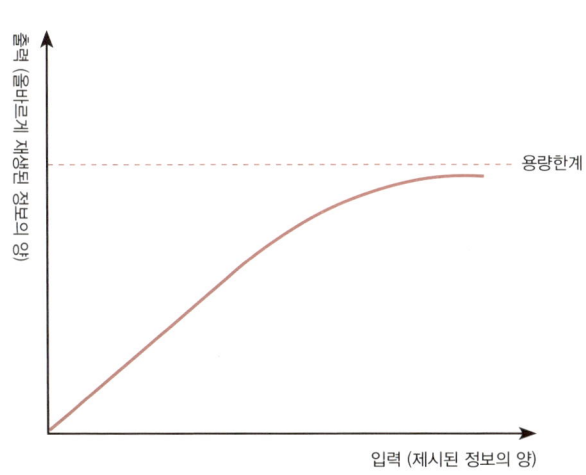

| 그림 1-1 | 인간 두뇌의 용량한계 (자료 : 조지 밀러, 1956년)

자리 정도까지만 제대로 쓸 수 있을 것이다. 이때는 뇌의 용량이 한계에 부딪혀 그래프가 곡선을 이루는 위치에 있다. 두뇌의 구리선이 정보를 더이상 받아들일 수 없다는 의미다.

조지 밀러가 논문을 발표한 지 반세기가 지난 오늘날 우리는 정보 르네상스 시대에 살고 있다. 1950년대 초반만 하더라도 걸음마 단계에 머물러 있던 '정보화'가 우리 사회, 문화, 라이프스타일 전반으로 확산되었다. 정보기술은 이제 우리에게 단위시간당 너무 많은 양의 정보를 제공하기 시작했고, 조지 밀러가 말한 두뇌의 용량한계가 일상생활에서 피부에 와닿는 문제가 되었다.

석기시대 크로마뇽인의 두뇌

조지 밀러가 말한 지적 대역폭, 다시 말해 정보처리 능력에 내재된 한계가 인간에게 있다면, 그 한계의 기원은 아마 수십만년 전으로 거슬러올라가야 할 것이다. 해부학적으로 호모사피엔스(Homo sapiens)˙는 약 20만년 전 아프리카에서 진화했다. 현생인류는 모두 15만~20만년 전에 살았던 이브(Eve)로부터 물려받은 공통된 DNA를 가지고 있다는 것이 유전학적으로 입증되었다. 이후

˙ '생각하는 사람'이라는 뜻으로, 현생인류를 말한다.

호모사피엔스는 남유럽을 포함한 전세계로 퍼져나갔고, 점차 동시대를 같이 산 네안데르탈인을 대체했다. 초기에 인류는 프랑스 남서부의 크로마뇽 동굴에 있는 것 같은 신비스런 동굴벽화를 남겼고, 이 때문에 호모사피엔스사피엔스(Homo sapiens sapiens)^{**}를 크로마뇽인이라고 부르게 되었다.

크로마뇽인은 오늘날의 인류와 같은 두뇌용량과 해부학적 구조를 갖추었기 때문에, 만약 그들이 최신의상을 입고 현대의 도시를 활보한다 하더라도 이상한 눈으로 돌아볼 사람은 없을 것이다.

크로마뇽인은 수렵과 채집을 하며 느긋한 삶을 살았다. 아마도 몇몇 가족으로 구성된 50명 정도가 한데 모여 공동체생활을 했을 것이다. 때로는 150명 정도의 혈연관계로 이루어진 씨족단위로 생활하기도 했다. 이들은 식량채집과 식사준비, 가죽손질과 도구제작, 사냥 등에 대부분의 시간을 썼다. 크로마뇽인이 살던 시대의 기술적 환경은 화살촉, 바늘, 뼈갈고리 같은 보잘것없는 몇 가지 단순한 도구들로 구성되었다.

현대인의 뇌는 4만년 전 크로마뇽인의 뇌와 거의 동일하다. 우리의 정보처리 능력에 한계가 내재되어 있다면, 이러한 한계는 기술적으로 가장 앞선 도구가 기껏해야 미늘이 달린 뼈작살이었던 4만년 전에도 이미 존재했을 것이다. 그 오랜 세월 동안 변한 게

** 호모사피엔스의 아종(亞種)으로, 후기 구석기시대 이후 현대에 이르는 단계의 인류를 말한다.

거의 없는 인간의 뇌가 이제는 디지털사회가 쏟아내는 정보의 홍수를 감당해야 한다. 크로마뇽인이 1년 동안 만났을 만한 수의 사람들을 오늘날 우리는 하루 만에 만나고 있다. 우리가 처리해야 하는 정보의 양과 복잡성은 계속해서 증가하고 있다. 일종의 '차단밸브'로 작동하는 내재된 한계가 존재한다면, 지적기능의 어느 부분에 이런 한계가 있을까? 정보처리 능력의 병목지점은 두뇌의 어디에 위치하고 있을까?

뇌지도는 끊임없이 변한다

두뇌가소성(brain plasticity)*에 관한 최근 연구결과들은 크로마뇽인의 뇌와 조지 밀러의 지적 대역폭에 관한 논의를 더욱 복잡하면서도 풍부하게 만들어준다. 이 책을 다 읽고 나면 여러분은 분명히 이전과는 다른 사람이 되어 있을 것이다. 이 책의 내용이 여러분의 삶을 뒤바꿔놓을 만큼 엄청나기 때문이 아니라, 모든 종류의 경험과 배움은 인간의 두뇌를 변화시키기 때문이다. 아무도 같은

---

* 가소성(plasticity)은 고체에 외부에서 힘을 가해 변형을 일으켰을 때 외부의 힘을 제거한 후에도 본래의 모습으로 돌아가지 않고 바뀐 형태가 그대로 남는 것을 말한다. 신경계 연구에서는 기억하고 학습하는 뇌의 기능을 '두뇌가소성'이라는 말로 표현한다. 비교적 짧은 시간에 가해진 자극이 사라지지 않고 두뇌에 남아서 지속되는 것이 기억과 학습이라고 보기 때문이다.

강에 발을 두 번 담글 수는 없는 것이다.**

두뇌는 기억을 저장할 때만 변화하는 것이 아니다. 뇌의 여러 부위에 다양한 기능이 있기 때문에 우리는 뇌기능 지도를 작성해서 인간의 두뇌를 탐구할 수 있다. 과학자들이 밝혀낸 바로는, 이러한 뇌지도는 고정되어 있지 않고 끊임없이 다시 그려진다고 한다. 두뇌의 변화방식에 대해 우리가 알고 있는 지식은 대부분, 뇌가 정보입력을 상실했을 때 어떤 일이 벌어지는지를 연구해서 얻은 것이다. 신체 일부를 상실해 이를 관장하는 감각피질 부위가 해당 신경으로부터 더는 정보를 받지 못하게 되면 주변의 다른 부위가 그 공간을 채우기 시작한다. 가령 집게손가락을 상실하면 집게손가락에서 신호를 받던 뇌 부위는 위축되고, 대신 가운뎃손가락에서 신호를 받는 인접부위가 확장된다. 뇌지도가 다시 그려진 것이다.

시각정보를 받을 수 없는 시각장애인의 경우는 더욱 놀랍다. 시각장애인이 손가락으로 점자를 읽을 때 두뇌활동을 측정해보면, 놀랍게도 두뇌의 시각인식 부위가 활성화되는 것을 볼 수 있다. 촉각이라는 다른 감각정보를 시각인식 피질을 통해 처리하는 것이다. 여기서도 상실된 집게손가락에서 어떠한 감각정보도 받지 못하는 사람의 경우와 마찬가지의 가소성이 발현된다. 주변의 다른 부위가 확장되면서 사용하지 않는 뇌 부위를 점유한다. 선

** 고대 그리스 철학자 헤라클레이토스가 한 말이다.

천적 청각장애인에 대한 연구에서도 비슷한 결과를 얻었다. 이 연구에서 선천적 청각장애인이 수화를 읽을 때 청각인식 부위가 활성화되었다.

정보입력을 상실할 때뿐만 아니라, 수년간 하루에 몇 시간씩 끊임없이 악기를 연습하는 것처럼 과도하게 활성화된 경우에도 두뇌는 변화한다. 과학자들이 현악기 연주자의 왼손으로부터 감각 정보를 받는 뇌영역의 지도를 만들어보니, 자극에 의해 활성화된 부위가 일반인보다 컸다. 또한 피아노 연주자는 피아노음을 들을 때 활성화되는 뇌 부위가 일반인보다 25퍼센트 정도 컸으며, 운동신경 자극을 전달하는 경로도 다르다는 것이 밝혀졌다.

저글링(juggling)은 일상적으로 하는 활동은 아니지만 단 몇 주만 연습해도 금세 실력을 키울 수 있다. 다시 말해 특정활동을 익힐 때 뇌에서 어떤 일이 벌어지는지를 연구하는 데 적합한 활동이다. 한 연구에서 저글링을 3개월간 배우기 전과 후의 뇌구조를 살펴보았다. 동작인식을 관장하는 후두엽 부위가 이 기간 동안에 커졌다. 그러나 훈련을 중단하고 3개월이 지나자 다시 위축되었고 훈련으로 증가한 부분의 절반 정도를 상실했다. 다시 말해 단 3개월 동안의 훈련이나 휴식이 뇌구조에 즉각적인 영향을 미쳤다.

여전히 풀리지 않는 미스터리로 남아 있는 것은 "정보화사회의 끊임없는 지적요구가 우리의 두뇌에 어떤 영향을 미치는가?" 하는 점이다. 지적요구도 다른 형태의 연습이나 학습과 마찬가지로 두뇌를 '훈련'시키는 효과가 있을까?

점점 상승하는 평균 아이큐

1980년대 뉴질랜드의 심리학자 제임스 플린(James Flynn)은 이전에 시행된 지능지수, 즉 아이큐 검사결과를 살펴보다가 이후 몇십년 간에 걸쳐 심리학계에 일대 파란을 일으키게 되는 놀라운 발견을 한다. 사람들의 아이큐가 점점 높아지고 있었던 것이다. 이러한 현상은 오늘날 플린효과(Flynn effect)라는 말로 알려져 있다.

원래 전체인구의 평균 아이큐는 100으로 맞추어져 있다. 대규모 집단의 사람들(가령 18세의 청소년)을 대상으로 새로운 버전의 아이큐테스트를 시행한 후에 평균점수가 100이 되도록 조정한다. 이러한 테스트 과정에서 수험자들은 대개 기존의 아이큐테스트도 함께 보는데, 두 테스트의 성취도가 일치하는지 알아보기 위

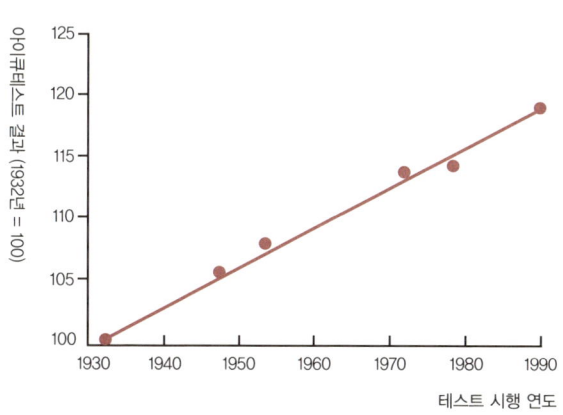

| 그림 1-2 | **1900년대 아이큐의 변화 (자료 : 제임스 플린, 1987년)**

해서다. 제임스 플린은 한 집단의 사람들을 테스트할 때마다 기존 테스트 점수가 더 높게 나오는 현상을 발견했다. 18세의 청소년들을 대상으로 20년 전에 개발된 테스트를 시행한 결과 평균점수가 100이 아니라 조금 더 높게 나왔다. 제임스 플린은 총 7,500명이 넘는 참가자를 대상으로 1932~1978년 사이에 시행된 70회 이상의 연구를 살펴본 결과, 10년마다 평균 아이큐가 3점, 즉 약 3퍼센트씩 증가했음을 발견했다.

이러한 결과에서 더욱 놀라운 점은 점수가 향상된 속도다. 60년, 즉 2세대 만에 점수가 대략 1표준편차만큼 증가한 것이다. 이는 1990년에 평균점수를 받은 18세 청소년이 60년이라는 시간을 거슬러올라가서 시험을 본다면 6위권 안에 들 수 있음을 의미한다. 한 반 30명 중 평균 성적을 받던 학생이 갑자기 최상위 5위권 안에 들게 되는 것이다.

물론 이렇게 아이큐가 상승한 원인을 교육수준이 향상된 덕분으로 돌릴 수도 있다. 그렇다면 점수가 가장 많이 상승한 부분은 어휘력과 일반지식을 측정하는 테스트에서 발생할 것이고, 문화적 영향이나 교육수준과 비교적 관련성이 낮은 문제해결 능력을 측정하는 테스트에서는 점수 상승폭이 낮을 것이다. 그러나 미국에서 시행된 아이큐테스트의 점수 변화를 자세히 살펴본 결과 그 반대현상이 일어났음을 알 수 있었다. 즉 문제해결 능력의 점수 상승이 더 두드러진 반면, 어휘력을 측정하는 테스트에서는 거의 변화가 없었다.

이를 입증하기 위해 제임스 플린은 여러 나라에서 시행된 '레이브스 매트릭스'(Raven's matrix)라고 하는 문제해결 능력 테스트 결과와 비교해보았다.(레이브스 매트릭스는 후천적으로 습득한 지식과는 무관한 유동성지능*을 측정하기 위해 고안된 테스트다. 제3장 77쪽 참고) 이스라엘과 노르웨이, 벨기에, 네덜란드, 영국에서 1952~1982년 사이에 입대예정자들을 대상으로 시행한 레이브스 매트릭스 테스트의 시대별 추이를 분석한 결과, 제임스 플린은 미국의 아이큐테스트에서 관찰한 것과 똑같은 현상을 목격했다. 나라별로 별 차이 없이 점수가 거의 같은 속도로 상승한 것이다. 문제해결 능력만 따로 분리해서 분석하자 점수 상승폭이 훨씬 더 컸다. 구두시험과 문제해결 능력 측정으로 구성된 테스트 평균점수의 상승폭은 거의 2배에 이르렀다.

아이큐 평균점수 상승은 각종 연구에서 나온 방대한 자료에서도 확인되며 논쟁의 여지가 없다. 그런데 이러한 현상의 원인이 무엇인지에 대해서는 누구도 자신 있게 말할 수 없었다. 제임스 플린 자신도 처음에는 이러한 결과가 지능의 향상과 '진정으로' 연관된 것은 아닐 거라고 생각했다. 60년을 과거로 거슬러올라가면 우등생이 될 수 있는 18세 학생의 경우도 말이 되지 않는다고 생각했다. 그 대신 제임스 플린은 테스트 점수가 향상되는 현상을 아예 아이큐테스트 자체의 신뢰성을 부정하는 주장의 근거로

* 유동성지능에 대해서는 제13장에서 자세히 설명하고 있다.

삼았다. 불행히도 그는 사람들이 전반적으로 더 똑똑해졌다는 것이 자신의 직관에 반한다는 이유 이외에는 이렇다 할 만한 근거를 대지 못했다. 아이큐테스트가 신뢰할 수 없다는 제임스 플린의 해석은 동료 심리학자들 사이에서도 별로 지지를 받지 못했다. 후에 자신의 견해를 철회한 제임스 플린을 포함해 오늘날 대부분의 심리학자들은 평균 아이큐의 상승은 '진정으로' 사람들의 문제해결 능력이 향상된 것을 반영한다고 보고 있다.

오늘날까지도 플린효과를 확실하게 설명할 수 있는 요인은 단 하나도 밝혀진 바가 없다. 하지만 한 가지 흥미로운 가능성은, 우리의 정신적 환경을 구성하는 요인들이 아이큐 상승의 커다란 원인일 수 있다는 것이다. 정보량의 증가가 훈련효과를 내고, 시시각각 증가하는 지적요구가 사람들의 지능을 높이는 데 도움을 주고 있는 것은 아닐까? 그렇다면 정확히 우리 주변의 어떤 지적요구가 그러한 향상을 가져온 것일까? 어떤 기능을 어떤 환경에서 훈련해야 할까?

뇌연구의 미래 모습은?

인간의 두뇌에 대한 이해는 지난 몇십년에 걸쳐 눈부시게 증가했다. 오늘날 과학자들은 역사상 처음으로 정보처리 능력의 한계와 뇌기능 간의 연결고리를 찾을 수 있게 되었다. 뇌연구는 아틀라스의 일곱 딸과 세계 7대 불가사의에 대한 조지 밀러의 의문을 해결하는 데 별 도움이 되지 못한다. 하지만 두뇌의 한계를 유발하는 요인에 있어서 과학자들은 몇몇 유력한 용의자를 찾아내기 시작했다. 이 책에서는 과학자들이 어떻게 이러한 용의자를 찾아냈는지에 관해 살펴볼 것이다.

우리가 두뇌의 한계와, 이 한계가 두뇌의 어디에 위치하고 있는지에 관해 좀더 많은 것을 알게 되면, 연습이나 훈련 등을 통해 뇌기능을 조작하는 방법을 알아낼 수도 있다. 2004년에는 노벨상 수상자인 에릭 캔들(Eric Kandel)을 포함한 많은 저명한 신경과학자들이 이러한 새로운 가능성과 이로 인해 발생하는 윤리적 딜레마에 관해 논평을 내놓았다. 에릭 캔들의 글은 "인류가 자신의 뇌 기능을 스스로 조작할 수 있는 능력은 철기시대 야금술의 발전만큼이나 강력하게 역사의 흐름을 뒤바꾸어놓을 수 있다"로 시작한다. 논평의 제목은 〈신경인지 향상 : 우리는 무엇을 할 수 있고, 무엇을 해야만 하는가?〉*다. 이는 우리 모두에게 시사하는 바가 많은 질문이다.

인간의 주의력과 정보처리, 두뇌훈련에 관한 최신 연구결과에 대해서도 간략하게 살펴보겠지만, 이 책의 목표는 기억력과 주의력에 관한 모든 연구를 다루는 것이 아니다. 설령 필자에게 이렇게 광범위한 분야를 다룰 수 있는 능력이 있다 하더라도, 이런 엄

• Neurocognitive enhancement: What can we do and what should we do?

청난 내용을 파고들 만큼 시간여유가 많은 독자는 별로 없을 것이다. 다루어야 할 분량은 너무 많고 시간은 너무 부족하다. 그 대신 필자는 한데 묶으면 하나의 이야기가 될 수 있는 여러 관련 연구에 관한 책을 집필하고자 노력했다. 필자는 설령 전체 그림은 아닐지라도 최소한 그림의 일부를 보여줄 수 있는 퍼즐조각들을 맞추는 데 필요한 만큼의 정보를 전달하고자 노력했다.

이 책에서는 또한 뇌기능에 관한 필자의 연구를 다룰 것이다. 이 연구에서는 무엇보다도 멀티태스킹의 한계와, 지적능력을 적극적으로 개발할 수 있는 방법에 관해 살펴보았다.

급변하는 사회환경이 정신적 웰빙에 미치는 영향에 관한 일반인들의 관심이 높아지고 있다. 슬로시티(slow city), 슬로푸드(slow food), 명상 등 스트레스를 줄이고 자신에 대한 요구를 낮추고 삶을 좀더 쉽게 받아들이는 방법에 관한 조언을 담은 각종 서적과 잡지가 쏟아져나오고 있다. 모두 나름의 근거와 효과가 있겠지만, 필자는 오히려 보다 낙관적인 메시지를 전달하고자 한다. 필자는 먼저 정보와 자극, 지적도전에 대한 우리의 갈증을 인정해야 한다고 제안하고 싶다. 우리의 한계를 규명하고 지적요구와 능력 간에 최적의 균형을 찾을 때, 우리는 비로소 깊은 만족을 느낄 수 있으며 우리 두뇌의 잠재력을 최대한 발휘할 수 있다.

하지만 먼저 우리를 둘러싸고 있는 지적요구에 대해서 좀더 자세히 살펴보자. 주의력이란 무엇인가? 우리는 어떻게 정보를 두뇌에 담고 있으며, 이러한 능력은 조작이 가능한가?

2장

주의력은
정보가 통과하는 관문이다

The Overflowing Brain

다시 린다 얘기로 돌아가보자. 오픈플랜 사무실에서 린다는 주변에서 이야기를 나누는 동료들과 여기저기서 울려대는 전화벨 소리에 둘러싸인 채 업무를 보고 있다. 책상에는 각종 보고서와 서류, 팸플릿 등이 어지럽게 널려 있다. 컴퓨터 화면에는 린다가 선택해야 하는 컴퓨터 목록을 보여주는 웹페이지가 띄워져 있고, 웹페이지 오른쪽에는 서인도제도 관광상품 세일을 알리는 작은 배너광고가 떠 있다. 화면 하단의 작은 아이콘은 메일함이 아직 다 비워지지 않았음을 알리고 있고, 휴대전화에서는 새 문자메시지가 도착했음을 알리는 경쾌한 신호음이 울린다. 린다는 어떤 선택을 해야 할까? 시선을 어디로 돌려 시야에 들어오는 어떤 요소들을 받아들이고 처리하고 이해하고 생각해야 할까? 어디에 주의를 기울여야 할까?

'주의력'은 정보의 홍수가 뇌에 도달하기 위해 통과해야 하는 관문이다. 무언가에 주의를 기울인다는 것은 정보를 선택하는 것과 마찬가지다. 즉 이용가능한 모든 정보 가운데 작은 일부에만 우선순위를 두는 것이다.

주의력은 흔히 광선이나 스포트라이트에 비유된다. 어두운 방안에서 특정물체에 플래시를 비추는 것처럼, 일부분에 관심을 기울이고 특정정보를 선택할 수 있다. 크로마뇽인의 뇌가 정보의 홍수를 만날 때 어떤 일이 벌어지는지 알아보려면 바로 이 주의력에서부터 시작해야 한다.

주의력의 세 가지 유형

린다는 마침내 이메일은 제쳐두고 책상 위에 쌓여 있는 보고서 중에서 하나를 읽기 시작한다. 잠시 마음을 가라앉히고 정신을 집중하자 큰 어려움 없이 상당한 분량을 읽어나갈 수 있었다. 그러나 곧 전날 저녁식사 때 벌어진 일이 머릿속에 떠올라 마지막에 읽은 부분을 하나도 이해하지 못했음을 깨닫는다.

자꾸 다른 생각이 든다는 걸 깨닫고는 다시 마음을 가다듬고 문장에 집중하려고 노력한다. 그러나 채 1분도 지나지 않아 뒤에서 누군가가 커피잔을 바닥에 떨어뜨리는 바람에 다시 주의를 빼앗겼고, 린다뿐만 아니라 사무실 전체 직원들의 주의가 산만해졌다. 시간이 어느새 정오에 가까워졌고 사무실 전체가 더욱 부산해지면서 린다는 결국 보고서를 나중에 처리하기로 마음먹는다.

　그날 오후 늦게 사무실에서 직원들이 하나둘 빠져나가고 분위기가 어느 정도 차분해지자 린다는 다시 보고서를 읽기 시작했다. 이제야 비로소 린다는 45분 내내 정신을 집중할 수 있었다. 물론 카페인의 도움을 약간 받기는 했지만 말이다. 하지만 줄곧 단조로운 내용에다 약간의 수면부족 탓에 곧 떨쳐내기 어려운 피곤이 몰려오기 시작했고, 린다는 어쩔 수 없이 보고서를 도로 책상에 내려놓을 수밖에 없었다.

　이날 린다가 보고서를 읽는 데 어려움을 겪은 건 분명히 주의력과 관련이 있다. 그렇다면 인간의 주의력이란 무엇인가? 뇌기능과 주의력을 연구하는 과학자들은 주의력에 여러 유형이 있음을 밝혀냈다. 예컨대 업무를 처리하려는 린다의 노력에는 최소한 세 가지 유형의 주의력이 관련되어 있다.

　첫째는 '통제주의력'(controlled attention)이다. 이는 린다가 의식적으로 보고서를 읽으려고 노력할 때 사용하는 것이다. 전날 저녁 식사 때 벌어진 일이 머릿속에 떠올랐을 때 린다는 주의력에 대한 통제를 상실했다. 둘째는 '자극주의력'(stimulus-driven attention)이다. 이는 주변환경에서 벌어지는 예상치 못한 자극(가령 커피잔이 바닥에 떨어지는 사건)에 무의식적으로 관심이 쏠리는 것을 말한다. 셋째는 오후 늦게 린다에게 피곤이 몰려오면서 문제가 된 '각성'(arousal)이다.

이 책에서는 선택성이 있는 처음 두 가지 유형의 주의력에 대해 살펴볼 것이다. 하지만 그전에 먼저 각성에 대해 좀더 짚고 넘어가보자. 각성은 방 안의 특정지점이나 특정사물을 선택하지 않는다는 점에서 다른 두 가지 유형의 주의력과 다소 다르다. 그래서 각성을 비선택적이라고 한다. 각성의 수준은 매초, 매시간마다 달라질 수 있다. 각성 패턴을 설명하기 위한 대표적인 예가 레이더 감시 임무를 맡고 있는 감시병이다. 이들은 잠재적 적기 출현을 알리는 작은 점을 찾기 위해 몇 시간씩 계속해서 레이더 화면을 주시한다. 자극이 거의 없는 이러한 임무를 수행하는 동안 각성은 서서히 저하된다. 이러한 현상은 업무수행 능력 저하와 길어지는 반응시간으로 측정할 수 있다.

임박한 사건에 대한 경고로 각성 수준을 일시적으로나마 높일 수 있다. 카페인 같은 특정물질 또한 각성 수준을 일시적으로 높이는 데 도움이 될 수 있다. 밤늦은 시간에 커피 한두잔 정도는 레이더 감시병의 업무수행 능력을 향상시킬 것이다. 하지만 커피 10잔을 마신다면 감시병은 레이더 화면상의 모든 새로운 점을 적기로 오인할 가능성이 높아 오히려 업무수행 능력이 떨어진다. 과유불급이라는 말도 있지 않은가.

각성과 업무수행 능력 간의 관계는 U자를 뒤집어놓은 모양의 곡선으로 표현할 수 있다.(그림 2-1) 이 곡선에서 업무수행 능력은 각성 수준이 너무 높거나 낮은 양극단 사이에서 최고조에 도달한다. 어떤 면에서는 스트레스가 커피와 똑같은 영향을 뇌에 미칠 수 있다. 따라서 적당한 스트레스는 우리에게 이로울 수 있다. 하지만 과도한 스트레스는 업무수행 능력을 저하시킨다.

부주의는 건망증의 가장 흔한 원인

우리는 무언가에 주의를 집중하지 않으면 그것을 쉽게 잊어버린다. 부주의는 건망증의 가장 흔한 원인이다. 기억 분야 전문가이자 저술가인 대니얼 섀터(Daniel Schacter)는 이를 두고 "기억의 일곱 가지 죄악" 중에 하나라고까지 말했다.

부주의 때문에 발생한 유명한 일화가 있다. 어느 날 미국 로스앤젤레스에서 현악4중주 콘서트가 열렸는데, 바이올린 연주자 중

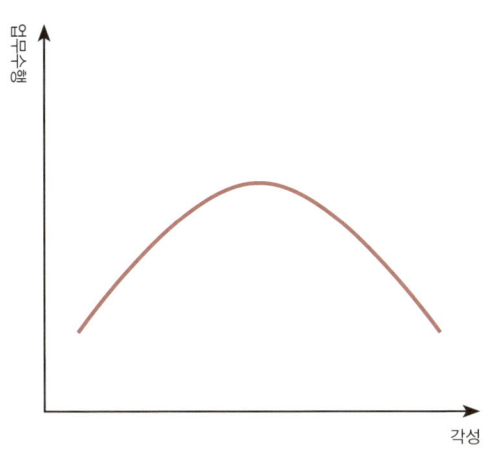

| 그림 2-1 | **각성과 업무수행의 관계**

1명이 매우 진귀한 악기를 사용했다. 그 악기는 다름 아닌 17세기에 제작된 스트라디바리우스 바이올린으로, 수억원대를 호가하는 값비싼 물건이었다. 연주단은 성황리에 공연을 마친 뒤 숙소로 돌아가기 위해 차를 탈 준비를 했다. 공연 후라 당연히 피곤했을 것이다. 그날 공연을 되짚어보느라 그랬을까, 아니면 다음날 쏟아질 비평에 신경이 쓰여서였을까? 바이올린 연주자는 어처구니없게도 자동차 지붕 위에 그 귀한 악기를 올려둔 채 그냥 차를 타고 호텔로 향했고, 호텔에 도착하고 나서야 비로소 자신의 악기가 없어진 것을 깨달았다. 이후 그 바이올린은 행방이 묘연하다가 27년 만에 한 악기수리점에서 발견되었다.

이 사례는 때로 부족한 점은 있지만, 정보를 기억 속에 저장하는 우리의 능력에 주의력이 얼마나 중요한 영향을 끼치는지 잘 보여준다. 물잔을 내려놓을 때 주의를 딴 데로 돌리면 나중에 그 잔을 어디에 두었는지 기억하는 데 어려움을 겪게 된다. 물잔의 위치 정보가 정보의 관문을 통과하지 못했기 때문이다.

어떤 장소나 사물에 주의를 집중하면 그 정보의 내용을 보다 잘 해석할 수 있고 겉모습의 작은 변화도 쉽게 눈치챌 수 있게 된다. 만일 린다가 늦은 밤 퇴근길에 낯선 사람이 집 근처 골목에서 수상쩍게 얼씬대고 있는 모습을 발견한다면, 린다는 발길을 멈추고 거기에 온통 주의를 집중할 것이다. 이때 이웃집 출입구에 다른 사람이 나타난다면 그것을 모르지는 않겠지만, 린다는 주의를 집중한 곳에서 벌어지는 미묘한 변화에 더욱 민감하게 반응할 것이다. 집중은 변화를 인식하는 능력을 향상시킬 뿐만 아니라, 혹시라도 어두컴컴한 곳에서 낯선 그림자가 불쑥 튀어나온다면 이에 반응하는 시간까지 단축시켜줄 것이다.

1000분의 1초 단위로 주의력 측정하기

우리는 모두 나름의 관점으로 주의력을 정의한다. 그러나 과학자들은 정확성을 먹고사는 사람들이라 연구대상이 무엇이든 간에 그것을 측정하기를 좋아한다. 그리고 주의력은 실제로도 정량화가 가능하다.

오리건대학교의 심리학자 마이클 포스너(Michael I. Posner)는 단순하지만 기발한 일련의 실험을 개발했다. 컴퓨터를 통해 진행되며 각기 다른 유형의 주의력을 요구하는 실험이다. 한 실험에서는 피험자에게 작은 사각형 타깃이 화면에 나타나면 곧바로 버튼을 누르게 한다. 이러한 과정이 예고 없이 벌어지기 때문에 주로 자극주의력을 측정할 수 있다. 또다른 실험에서는 삼각형이 나타나 피험자에게 타깃의 등장을 예고한다. 이는 피험자의 각성 수준을 높인다. 세 번째 실험에서는 타깃이 나타나기 몇 초 전 화면에 화살표가 나타나 피험자에게 타깃의 등장을 예고할 뿐만 아니라 그 위치까지도 알려준다. 그러면 피험자는 타깃의 등장을 예상해 자신의 주의력을 통제함으로써 화면에 나타난 특정위치에 주의를 기울인다.

이 실험에서 피험자의 반응시간을 측정함으로써 과학자들은 다양한 유형의 주의력을 정량화할 수 있었다. 실험결과는 어땠을까? 흥미롭게도 각기 다른 유형의 주의력이 서로 상관관계가 거의 없는 것처럼 보였다. 이러한 계통적 자율성은 한 유형의 주의력에 문제가 발생해도 다른 유형의 주의력에는 영향을 미치지 않을 수 있음을 의미한다.

이러한 현상은 오스트레일리아에서 시행된 다른 실험에서도 밝혀졌다. 이 실험에서는 ADHD 아동과 일반 아동에게 소니 플레이스테이션으로 두 가지 게임을 하도록 했다. 첫 번째 게임은 포인트블랭크(Point Blank)로, 다양한 타깃을 조준해 맞추는 게임이다. 아이들은 버튼을 누름으로써 되도록 신속하게 대응해야 했으며, 주로 자극주의력에 따라 성공률이 결정되었다. 두 번째 게임은 크래시반디쿠트(Crash Bandicoot)라는 플랫폼게임*으로, 플레이어가 사전에 설정된 경로를 따라 작지만 용감한 반디쿠트(오스트레일리아의 주머니쥐)를 조종해, 정글을 통과하고 함정을 피하면서 각종 미션을 수행하고 정해진 목표를 달성하는 게임이다.

화면상에 움직이는 물체에 주의를 기울여 반응하는 첫 번째 게임과 달리, 두 번째 게임에서는 주의력을 일정부분 통제하는 것이

---

* 플랫폼(platform, 발판)이 등장하는 게임을 말한다. 등장인물은 플랫폼과 플랫폼을 쉴새없이 옮겨다니며 게임을 진행한다. '슈퍼마리오' 게임이 대표적이다.

필요하다. 실험결과 포인트블랭크를 할 때는 두 그룹 간에 기량의 차이가 보이지 않았지만, 크래시반디쿠트를 할 때는 ADHD 아동이 대조군인 일반 아동에 비해 점수가 상당히 낮았으며 반디쿠트도 더 자주 죽었다.

결과적으로 자극주의력과 통제주의력은 계통상 서로 무관한 것처럼 보인다. 한 걸음 더 나아가 이런 결과는 두뇌에 두 가지 주의력을 통제하는 다른 영역, 즉 다양한 두뇌 프로세스가 있음을 의미한다. 그렇다면 주의력을 결정하는 생물학적 메커니즘은 무엇일까? 주의력이라는 스포트라이트는 뇌세포에 의해 어떻게 부호화될까?

주의력은 두뇌의 스포트라이트

마치 병원 진찰실처럼 흰색 페인트가 칠해진 넓은 방에 서 있다고 상상해보자. 일회용장갑과 외과용테이프, 압박붕대가 들어 있는 박스들이 벽을 따라 놓여 있다. 크고 작은 흰색과 파란색 플라스틱 공과, 안전망이 장착된 거대한 헬멧처럼 보이는 물건들도 놓여 있다. 벽에 쌓아놓은 물건들에는 한 가지 공통점이 있는데, 모두 자성이 없다는 것이다. 방 한가운데에는 한 면의 길이가 약 180cm인 흰색 정육면체가 놓여 있는데, 이 안에는 주변에 있는 산소통을 치명적인 발사체로 만들 만큼 강력한 자기장을 생성할 수 있는 전자석이 들어 있다. 이렇게 강력한 자기장을 생성하려면 액체 헬륨을 이용해 초전도성 코일을 -269℃까지 냉각시켜야 한다. 정육면체의 가운데에는 원통형 구멍이 있고, 이 구멍을 통해 수평 벤치를 좌우로 이동할 수 있어서, 벤치에 누운 사람을 자기장 중심으로 옮겨 뇌활동을 검사할 수 있다.

이러한 정육면체가 바로 자기공명(MR)[*]촬영장치다. 주의력이 작동하는 원리를 알아보고자 두뇌를 들여다보고 싶을 때 이용할 수 있는 최첨단 도구다. 일단 피험자를 촬영장치 안에 위치시킨 다음, 그림의 한 부분에서 다른 부분으로 주의를 이동하는 등의 일정한 지적과제를 수행하게 하면서 뇌영상을 촬영한다. 이런 작업을 30분 정도 진행하면 뇌의 어느 부분이 활성화되었는지를 정확히 알 수 있는 충분한 정보가 기록된다.

이 기술의 기본원리는 두뇌의 혈류를 분석하는 것이다. 특정영역에서 신경세포, 즉 뉴런(neuron)^{**}이 활성화되면 해당 뉴런에 산소와 결합한 혈액의 공급이 증가한다. 과학자들은 1990년대에 헤모글로빈(혈액의 구성요소)에 산소 분자의 존재 유무가 자기장에 영향을 미치기 때문에 자기공명 촬영장치를 이용해 뇌활동의 영상을 얻을 수 있다는 사실을 발견했다. 자기공명 촬영장치는 종양 등 이상증상을 찾아내기 위한 상세한 뇌해부도를 촬영하는 데

• Magnetic Resonance
•• 이후 신경세포는 뉴런으로 표기를 통일한다.

도 이용할 수 있다. 그러나 산소와 결합한 헤모글로빈의 변화에 민감하게 반응하는 자기공명 촬영장치를 사용할 때 과학자들이 특히 관심을 기울이는 분야는 다름 아닌 뇌기능이다. 이러한 기술을 '기능성자기공명영상'(fMRI)***이라고 한다.

위스콘신의과대학교의 줄리 브레프진스키(Julie Brefczynski)와 에드거 드요(Edgar DeYoe)는 fMRI를 이용해 주의력의 영향을 측정했다. 피험자를 자기공명 촬영장치 안에 눕히고 다트판처럼 여러 부분으로 나뉜 원을 보여주면서 중심점에 시선을 고정하되 한 부분에서 다른 부분으로 주의를 이동하도록 했다. 통제주의력을 시험하는 것이 이 실험의 목적이었다. 뇌활동이 안구운동에 의해 영향을 받지 않도록, 시선의 초점과 주의를 기울이는 지점을 분리할수 있는 현상을 이용했다. 여러분도 집에 있는 시계의 중심에 시선을 고정하고 돌아가면서 숫자에 주의를 기울임으로써 직접 실험해볼 수 있다.

실험결과를 제대로 이해하려면 감각자극이 두뇌에서 어떻게 처리되는지에 대한 배경지식이 필요하다. 자기공명 촬영장치를 이용해 뇌기능을 연구할 때 과학자들은 대개 피질의 활동에 관심이 있다. 피질은 대뇌를 둘러싸고 있는 회백질의 얇은 막이다. 피질은 많은 주름으로 이루어져 있기 때문에 두개골의 한정된 체적에 비해 표면적이 매우 넓다. 시각자극에 의해 가장 먼저 활성화되는

*** functional Magnetic Resonance Imaging

피질 부위는 후두엽으로, 1차 시각피질이라고도 한다. 신호는 후두엽에서 보다 분화된 다른 시각영역으로 전달된다. 다트판의 여러 부분 같은 인접환경의 각 부분은 피질의 여러 시각영역에 의해 해독되어, 각 부분이 외부세계에 대한 일종의 내부지도가 된다.

피험자가 시선을 고정한 채 여러 부분에 돌아가며 주의를 기울이면 과학자들은 1차 시각피질의 해당 영역이 활성화되는 것을 알 수 있었다. 실제로 실험결과가 너무나 명확해서, 과학자들은 두뇌의 활성화된 영역만 보고도 피험자가 어디로 주의를 돌리는지 알 수 있었다.

이 실험은 우리가 주의력의 메커니즘을 설명할 때 주의력을 스포트라이트에 비유하는 것이 얼마나 적절한지 보여준다. 시각영역이 주변환경에 대한 지도라면, 주의력은 이 지도의 특정부분을 비추는 광선에 비유할 수 있다. 따라서 어떤 부분에 빛이 비치면 이는 해당 영역에서 뉴런의 활성도가 높아지고, 이는 다시 뉴런의 정보수용력을 향상시킨다.

다른 감각에 대해서도 비슷한 뇌지도가 있다. 가령 두뇌의 체성감각(體性感覺)˙ 피질에는 해부 지도가 들어 있다. 뇌활동과 주의력에 대한 초기연구에서 신경생리학자 퍼 롤랜드(Per Roland)는 피험자들에게 눈을 감고 집게손가락에 머리카락이 몇 번 닿았는지 세도록 하면서 뇌활동을 측정했다. 하지만 실제로는 집게손가락에

˙ 피부감각, 운동감각, 평형감각을 통틀어 이르는 말이다.

머리카락을 대지 않았다. 그럼에도 불구하고 피험자가 감각을 기대하고 집게손가락에 주의를 기울임으로써 뇌의 해당 감각영역이 활성화되었다.

뉴런 간의 경쟁

선택에 의한 주의력의 작동원리를 세포 차원까지 명쾌하게 보여주는 실험이 하나 있다. 과학자들은 원숭이에게 초록색 원만 보여주거나 빨간색 원과 함께 보여주면서 뇌의 시각영역 활성도를 기록했다. 실험결과 시각영역에 나타나는 활성도가 초록색 원만 보여줄 때보다 두 원을 함께 보여줄 때 더 떨어졌다. 이는 아마도 시각피질의 두 인접영역에 있는 뉴런의 상호억제 효과 때문인 것으로 보인다. 그런데 흥미롭게도 원숭이가 빨간색 원을 무시하고 초록색 원에만 주의를 기울이면 초록색 원만 보여줄 때와 같은 뇌 활성도가 나타났다.

이 실험은 주의력의 가장 근원적인 메커니즘을 보여준다. 즉 다른 뉴런을 희생해 자극할 특정뉴런을 선택하는 것이다. 이런 현상을 '편향경쟁'(biased competition)이라고 한다. 초록색 원이 하나 있는 경우처럼 사물이 하나만 있을 때는 주의력이 필요하지 않다. 서로 경쟁하며 선택을 강요하는 정보에 우리 뇌가 노출되어 있지 않기 때문이다.

그렇다면 이제 이 지식을 직장에서 벌어지는 상황에 적용해보자. 린다가 수도원처럼 분위기가 엄숙한 사무실에서 근무한다면 책상에는 오로지 하나의 책(아마도 성서)만 놓여 있을 것이니 어디에 주의를 기울여야 할지 선택할 필요가 없다. 그러나 일단 두 가지 서류가 린다 앞에 놓이게 되면 어느 하나를 선택해야 하고 거기에 주의를 기울여야 한다. 정보의 양이 증가함에 따라 주의력에 대한 요구가 훨씬 커진다.

주의력과 관련해 흥미로우면서도 파악하기 어려운 의문은 "우리의 생각과 아이디어, 기억, 충동이 주의를 얻기 위해 어떻게 주변의 여러 자극과 더불어 경쟁을 벌이는가?" 하는 점이다. 우리의 머릿속에 오로지 한 가지 생각만 있다면 우리는 주의력을 통제해야 할 어떠한 압박도 받지 않는다. 이러한 압박은 충동과 기억, 생각들이 늘어날 때마다 증가한다. 뒤에서 누군가 커피잔을 떨어뜨리거나 갑자기 방 안으로 새가 날아들어오는 것 같은 외부사건이 자동으로 주의를 끄는 것과 마찬가지로, 흥미로운 아이디어와 매력적인 충동은 우리의 주의를 끈다.

통제주의력과 자극주의력의 병렬시스템

시각피질의 활성화가 증가하는 것, 즉 빛이 비친 지도가 최종결과라면 주의력의 원인 또는 출처는 무엇일까? 스포트라이트의 출발

점은 어디에 있을까? 특정사물에 주의를 기울이라는 명령을 받는 순간에 뇌활동을 측정할 수 있다면 통제력을 행사하는 뇌영역을 찾아낼 수 있을 것이다.

몇몇 연구기관에서 바로 이런 실험을 시행했다. 이들은 마이클 포스너가 개발한 통제주의력에 대한 다양한 실험을 이용했다. 실험결과 우리가 주의를 기울일 때 두 영역, 즉 두정엽의 한 영역과 상측 전두엽의 한 영역이 활성화되는 것을 관찰할 수 있었다. 바로 이 영역이 두뇌 '광선'의 출처로 보인다. 함께 개입하는 두뇌의 다른 영역을 제외한다면, 이 영역의 뉴런이 시각영역의 뉴런에 신호를 전달해 지도상의 해당 지점을 활성화하는 것으로 보인다.

과학자들은 자극주의력(가령 예고 없이 컴퓨터 화면에 타깃이 나타날 때 보이는 주의력)으로 활성화되는 영역들도 찾아냈다. 이러한 영역들은 전두엽에서 조금 아래 두정엽과 측두엽의 경계에 위치하고 있다. [그림 2-3]은 워싱턴대학교의 마우리치오 코르베타(Maurizio Corbetta)와 고든 슐만(Gordon Shulman) 박사가 여러 연구에서 밝혀진 두뇌의 활성화 패턴을 정리한 것이다. 이 그림에서는 통제주의력과 자극주의력을 기울이는 동안 관찰되는 뉴런의 활동을 각각 붉은색 원과 검은색 원으로 표시했다. 그림에서 알 수 있는 것처럼, 주의력에 대해서는 통제주의력과 자극주의력에 대해 각기 다른 병렬시스템이 존재하며, 이는 두 가지 유형의 주의력이 서로 독립적임을 보여주는 여러 심리학 실험결과하고도 일치한다.

자동차 지붕에 바이올린을 놓고 잊어버린 사례에서 보이는 부주의는 '주의력 상실'의 일종으로, 정도의 차이는 있지만 우리 모두 경험한다. 하지만 심각한 '주의력 장애'로 고통받는 사람들이 있다. 특히 자극주의력과 관련된 경우에는 문제가 더욱 심각하다. 이런 현상을 '무시'(neglect)라고 하며, 두정엽 주변부가 손상된 탓에 발생한다.

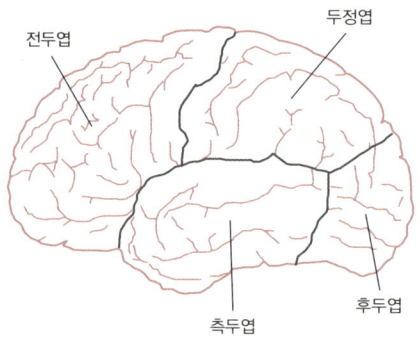

| 그림 2-2 | **뇌엽**

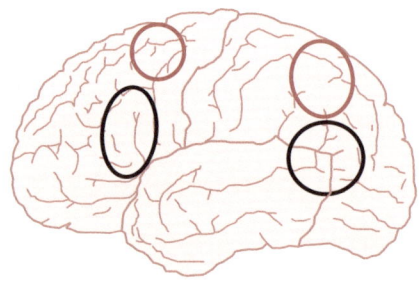

| 그림 2-3 | **통제주의력(붉은색 원)과 자극주의력(검은색 원)을 담당하는 영역들**
(자료 : 마우리치오 코르베타와 고든 슐만, 2002년)

좌뇌반구의 두정엽 부위는 오른편 시야에서 들어오는 정보를 처리하는 반면, 우뇌반구의 두정엽 부위는 좌우편 시야에서 들어오는 정보를 모두 처리한다. 따라서 좌뇌반구가 손상되면 우뇌반구가 백업시스템으로 기능할 수 있다. 하지만 우뇌반구는 이런 백업 서비스를 기대할 수 없기 때문에, 우뇌반구가 손상되면 문제가 심각해진다. 우뇌반구가 손상된 사람들은 시야의 절반을 '무시'하게 된다. 따라서 이들에게 시계 그림을 그려보라고 하면 절반만 그린다.

한 실험에서 두정엽이 손상된 여성에게 눈을 감고 이탈리아 고향의 익숙한 광장을 설명하게 했다. 광장의 한쪽 끝에서 교회를 마주보고 서 있다고 상상하면서 주변의 여러 건물을 설명해보라고 하자 피험자는 오른편 시야에 들어오는 건물들만 설명했다. 그다음에는 이 여성에게 교회로 걸어가 돌아서서 반대쪽에서 광장을 바라본다고 상상하면서 광장의 모습을 설명하도록 하자 이번에는 반대편에 있는 건물들만 설명했다.

따라서 두뇌가 정보를 받아들이는 능력에 한계가 있는 것은 주의력의 메커니즘에서 그 원인을 찾을 수 있다. 그러나 보다 복잡한 정신활동의 한계를 설명하려는 경우에 정말로 흥미로운 제약은, 우리가 주의력을 통제하는 방식과 받아들인 정보를 보유하는 방식에 있다. 어떻게 그런 일이 일어날까?

3장

작업기억은
정신의 작업대다

The Overflowing Brain

때때로 우리의 관심이 주변의 특정한 변화에 자동적으로 끌릴 수 있다. 하지만 통제주의력은 어디로 주의를 향할 것인지 일종의 지시가 필요하다. 가령 많은 사람 가운데 특정인물을 찾는 것처럼 사전에 결정된 대상에 주의를 기울이는 것이 우리의 의도라면, 우리는 그 대상을 찾는 동안 기억하고 있어야 한다. 그렇다면 우리는 집중하려는 대상이 무엇인지 어떻게 기억할까?

기억의 임시저장소 '작업기억'

해답은 바로 '작업기억'이다. 이는 제한된 시간 동안(대개는 몇 초간) 정보를 기억하는 능력을 뜻한다. 얼핏 단순한 기능처럼 보이지만, 사실은 주의력 통제에서 논리적 문제해결에 이르기까지 다양한 정신활동에 기본적이고 필수적인 기능이다. 작업기억은 앞으로도 자주 등장할 개념이기 때문에 여기서 그 개념을 확실히 정리한 후에 다른 기능과 어떤 연관성을 갖는지 알아보자.

다시 한 번 사무실에서 분주하게 일하고 있는 린다 얘기로 돌아가보자. 가령 린다가 온갖 물건들로 어지러운 서랍에서 우표를 찾으려고 한다면, 린다는 자신이 무엇을 찾고 있는지를 작업기억 속에 담아두고 있어야 한다. 정리되지 않은 책상에는 린다의 주의를 분산시키는 온갖 물건들이 놓여 있다. 뇌 시각영역의 뉴런은 누가 활성화될 것인지를 놓고 서로 경쟁을 벌인다. 따라서 린다는 자신의 주의력을 통제해야 할 필요가 있다. 어쩌면 린다는 온갖 잡동사니들에 정신이 산만해져 서랍을 닫고 다른 일을 시작할지도 모른다. 그러고는 2초 후에 왜 방금 자신이 서랍을 닫았는지, 혹은 우표가 어디 있는지 자신에게 묻는다. 우표를 찾으라고 자신에게 내린 지시가 린다의 작업기억에서 사라진 것이다.

우리는 전화번호 안내를 받고 메모지와 펜을 찾을 때까지 번호를 기억하기 위해 작업기억을 사용한다. 이런 경우에는 대개 번호를 반복해서 중얼거림으로써 작업기억에 담아두려고 하는데, 이것이 구두(verbal)정보다. 체스는 시각정보를 작업기억에 담아두는 경우의 예다. '내가 저기로 나이트를 옮기면 상대방이 비숍으로 잡을 거야. 그러면 나는 퀸으로 비숍을 잡아야지.' 이때 우리는 머릿속에서 일종의 비주얼 시뮬레이션을 실행하며, 시뮬레이션한 모든 수를 기억하기 위해 작업기억이 필요하다.

신경생리학자 칼 프리브램(Karl Pribram)이 1960년대에 이미 작업기억이라는 말을 사용했지만, 관용적 용법으로 용어의 정의를 내린 사람은 1970년대 초반 심리학자 앨런 배들리다. 앨런 배들리는 작업기억을 세 가지 요소로 구분했다. 시각정보 저장을 담당하는 '시공간메모장'(visuospatial sketch pad), 구두정보 저장을 담당하는 '음운루프'(phonological loop), 그리고 이 둘을 조율하는 중심요소인 '중앙관리자'(central executive)다. 이외에도 그는 작업기억 속에 일화(episodic)정보를 저장하는 '임시완충기'(episodic buffer)라는 또 다른 종류의 작업기억 저장소를 제안했다. 하지만 임시완충기는 다른 구성요소들에 비해 그 성격이 불분명하다. 체스의 수를 기억할 때는 시공간메모장을 이용하고, 전화번호를 기억할 때는 음운루프를 이용하는 것이 편리하다. 두 경우 모두 조율이 필요한데 이때 필요한 것이 바로 중앙관리자다.

심리학자가 여러분의 구두 작업기억을 테스트하고자 한다면 여러분에게 일련의 수를 암기하도록 할 것이다. 시공간 작업기억을 테스트하는 경우에는 시험자가 가리키는 여러 블록의 순서를 기억하는 '블록반복'이라고 하는 테스트를 이용할 것이다. 처음에는 블록 2개로 시작해서 테스트를 통과하면 3개, 4개 등으로 블록의 개수를 점차 늘려나간다. 아마도 블록이 7개 정도에 이르면 실수를 하기 시작할 것이고, 전체 순서를 정확히 기억하는 확률이 50퍼센트(대략 두 번의 시도마다 한 번씩 실수하는)가 되는 수준에 도달하면 작업기억 용량이 한계에 봉착한 것이다. 이는 작업기억에 보유할 수 있는 정보량의 척도가 된다.

작업기억의 결정적인 특징 가운데 하나가 바로 이 용량의 한계다. 이에 대해서는 제1장에서 길안내를 예로 들어 설명한 바 있다. "두 블록을 직진해서 가다가 좌회전해서 한 블록 가세요"라는 길안내를 받았다면 정보를 기억해 길을 찾아가는 데 별다른 어려움이 없을 것이다. 하지만 설명이 너무 길어서 작업기억의 용량을 초과한다면 길을 잃을 가능성이 크다.

몇 년이고 정보를 저장해두는 '장기기억'

작업기억의 용량한계는 장기기억(long-term memory)과 다른 점 가운데 하나다. 장기기억에서 우리는 어제 저녁식사 때 먹은 음식처럼 우리가 관여한 사건을 기억한다. 우리는 또한 어떤 단어의 뜻이나 모로코의 수도가 어디인지 등, 구체적인 경험과 연관되지 않은 사실들을 기억할 수도 있다. 사건에 대한 기억을 '일화기억'(episodic memory)이라고 하고, 사실에 대한 기억을 '의미기억'(semantic memory)이라고 한다. 장기기억에 저장할 수 있는 정보량은 사실상 무한하다. 장기기억은 무언가를 기억하고 나서 짧게는 몇 분에서 길게는 몇 년 동안 다른 것에 주의를 기울인 후에도 처음에 기억한 것을 회상할 수 있다. 하지만 작업기억은 정보가 저장될 때 끊임없이 주의력의 감시를 받는다는 점에서 장기기억과 작동원리가 다르다.

기억은 일련의 생화학적 과정과 세포 차원의 과정을 통해 장기 저장소에 부호화된다. 측두엽의 해마처럼 초기단계 기억에 중요한 뇌영역은 시간이 지나면 그 중요성이 감소한다. 우울증을 치료하기 위한 전기충격요법의 효과가 대표적인 예다. 전기충격을 가하면 부호화 초기단계에 있는 불안정한 장기기억이 교란될 수 있다. 이렇게 되면 환자는 1년 전에 부호화된 기억은 보유하면서도 며칠이나 몇 주 전에 경험한 일들은 기억하지 못하게 된다.

장기기억과 작업기억의 차이점을 일상적인 예를 통해 살펴보자. 우유를 사려고 마트에 들러 주차장에 차를 주차하는 경우, 차의 위치를 기억하기 위해서 장기기억을 사용한다. 주차 위치는 마트에서 쇼핑하는 동안 계속해서 머릿속에 그리는 정보는 아니지만 나중에 회상하기 위해 부호화하는 정보다. 반면에 작업기억은 통로에서 길을 잃었다가 사려고 한 게 우유라는 걸 기억하기 위해 사용한다.

작업기억은 대개 몇 초간 정보를 활성화 상태로 유지하는 데 이용되는 반면, 장기기억은 몇 년이고 계속해서 정보를 저장해둘 수 있다. 그러나 이 두 가지 기억의 차이점은 얼마나 오래전에 기억에 담아두었는지가 아니라, 뇌가 정보를 어떻게 저장하는지 그 방식에서 발견된다.

어느 날 밤 필자의 친구 중 하나가 술집에서 젊고 아름다운 아가씨를 알게 되었다. 헤어질 때 아가씨는 그 친구에게 전화번호를 알려주었다. 하지만 친구 녀석에게는 당장 전화번호를 메모해둘 만한 것이 없었고, 자신의 장기기억을 믿기도 어려웠다. 그래서 작업기억에 의존해보기로 했다. 친구는 집으로 돌아오는 길에 다른 번호랑 헷갈릴까 봐 자동차 번호판이나 버스 번호판 등 번호란 번호는 일부러 보지 않으려고 노력하면서 집에 오는 내내 아가씨가 알려준 전화번호를 속으로 계속 중얼거렸다. 20분쯤 후 집에 도착하자마자 친구는 메모지에 전화번호를 무사히 메모할 수 있었고, 지금 두 사람은 아이를 둘 낳고 행복한 부부로 잘살고 있다.

통제주의력과 작업기억

1970년대 신경생리학자들은 영장류, 특히 짧은꼬리원숭이를 대상으로 작업기억을 연구하기 시작했다. 짧은꼬리원숭이는 몸무게가 10kg 정도 나가고, 뇌는 길이가 5cm 정도밖에 되지 않는다. 짧은꼬리원숭이는 침팬지와 비교할 수 없을 정도로 지능이 떨어지지만, 대략 1세인 유아와 용량이 비슷한 작업기억에 정보를 보유할 수 있다.

따라서 원숭이가 수행할 수 있는 매우 단순한 과제가 필요했다. 원숭이가 지켜보는 동안 2개의 컵 중 하나에 땅콩을 숨기고 커튼으로 컵을 가렸다가 다시 커튼을 젖혀서 컵을 공개한 다음

원숭이에게 선택하도록 했다. 원숭이가 작업기억에 땅콩이 숨겨진 위치에 대한 정보를 보유하고 있다면 올바른 컵을 선택할 것이다. 하지만 원숭이가 땅콩을 숨긴 컵 쪽으로 몸을 향하고 있거나, 땅콩이 숨겨진 컵을 계속 응시하거나, 다른 트릭을 이용해 문제를 해결할 수 있는 가능성도 있었다. 안구운동의 효과를 상쇄하기 위해 과학자들은 '안구운동 지연반응 과제'(oculomotor delay response task)라는 것을 고안해냈다. 여기서는 간단히 도트테스트(dot test)라고 부르겠다.

도트테스트를 위해 정면에 나타난 십자가 이미지에 시선을 고정하도록 원숭이를 훈련시킨다. 화면의 주변부에서 도트가 잠깐 나타났다 사라진다. 몇 초 후에 시선을 고정하고 있던 십자가가 사라지면 원숭이는 시선을 도트가 나타났던 위치로 이동해야 한다. 따라서 이 시간 동안 원숭이는 작업기억에 도트가 나타났던 위치를 담아두고 있어야 한다.

도트의 위치를 기억하고 시선을 그쪽으로 이동하는 일은 우리 대부분이 일상에서 작업기억을 이용하는 방식은 아니다. 사실 도트테스트는 너무나 인위적이어서 이를 원숭이에게 가르치는 데만 몇 주가 걸렸다. 하지만 눈으로 본 것이 아니라 머릿속에 저장된 정보를 바탕으로 반응하도록 함으로써 작업기억의 본질을 파악할 수 있다는 점에서 이는 기발한 테스트다. 작업기억이 두뇌에 부호화되는 방식에 관한 지식은 대부분 도트테스트를 조금씩 변형한 형태의 테스트들을 이용해 지난 수십년간 진행된 여러 연구를 통해서 밝혀진 것들이다.

도트테스트를 자세히 살펴보면 마이클 포스너의 주의력 테스트(그림 3-1)와 여러 가지 유사점이 있음을 발견할 수 있다. 마이클 포스너의 실험에서는 피험자가 타깃이 나타날 것으로 예상할 수 있는 위치를 화살표로 표시했다. 그러면 피험자는 해당 지점에 주의를 기울여야 한다. 이 테스트를 수행하려면, 원숭이가 도트의 위치를 기억하는 방식과 동일하게 피험자가 작업기억에 위치정보를 보유해야 한다. 이는 통제주의력과 작업기억 간의 오버랩(overlap)을 가장 단순한 형태로 보여준다. 작업기억은 주의력을 통제하는 데 꼭 필요하다. 우리는 집중하려고 하는 것이 무엇인

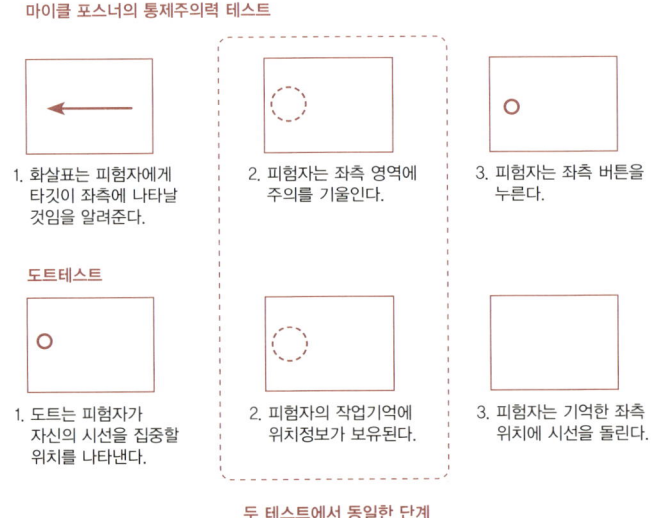

| 그림 3-1 | 통제주의력 측정 과제와 작업기억 과제(도트테스트) 간의 유사성

지를 기억해야 한다.

　신경생리학자 로버트 디사이먼(Robert Desimone)은 이러한 연결고리를 밝혀낸 최초의 과학자다. 그는 주의력 테스트에서 기억을 돕는 요소를 '주의력 견본'(attentional template)이라고 정의했다. 이는 우리가 많은 사람 가운데 아는 얼굴을 찾을 때 찾는 대상을 작업기억에 보유하고 있어야 하는 것과 마찬가지 개념이다. 하지만 작업기억과 주의력 간의 오버랩은 통제주의력에만 적용된다는 점을 명심해야 한다. 자극주의력에는 작업기억이 필요하지 않다.

작업기억과 문제해결 능력의 관계

작업기억을 특히나 흥미롭게 만드는 요인은, 작업기억이 명령과 숫자, 위치를 기억할 뿐만 아니라 문제해결 능력에서도 중요한 역할을 하는 것처럼 보인다는 점이다. 이를 이해하기 위해서 다음 테스트를 해보자. 다음 문제를 한 번만 읽고 책을 덮은 후에 답을 생각해보라. 93 – 7 + 3은?

　어땠는가? 답을 얻기까지 머릿속에서 진행된 연산을 확인해보자. 대부분의 독자는 먼저 93에서 7을 빼서 86이라는 답을 얻었을 것이다. 그런 다음 86이라는 정보를 머릿속에 저장하고 나서 다음 과제, 즉 3을 더하기 위해 저장된 기억을 참고했을 것이다. 그리고 86에 3을 더했을 것이다. 이러한 연산은 문제와, 중간에 도출된 값을 모두 기억해야만 가능하다. 따라서 작업기억은 다양한 지적과제를 수행하기 위한 '정신의 작업대'로 사용된다.

마찬가지로 작업기억은 다음과 같은 논리문제의 구성요소들을 머릿속에 담아두기 위해 사용된다. '비가 오면 잔디밭이 젖는다. 그러면 지금 잔디밭이 젖어 있다면 비가 왔다고 결론지어도 될까?' 암산을 할 때처럼 이러한 추론을 하기 위해서는 작업기억에 저장된 정보를 조작해야 한다. 그래서 앨런 배들리는 작업기억을 다음과 같이 정의했다. "작업기억이란 언어이해, 학습, 추론 같은 복잡한 인지과제를 수행하는 데 필요한 정보를 조작하기 위한 임시저장소를 제공하는 두뇌시스템이다."

[그림 3-2]는 일반적인 지적능력을 평가하기 위해 심리학자들이

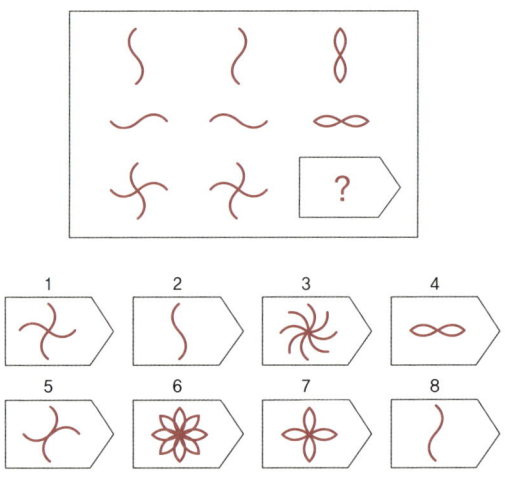

| 그림 3-2 | 레이븐스 매트릭스

76

자주 사용하는 문제해결 과제를 보여준다. 이 테스트의 이름은 '레이븐스 매트릭스'이며, 수십년간 사용되었고 다양한 버전이 존재한다. 이 테스트에서는 우측하단이 비어 있고, 가로세로 3개의 기호로 구성된 매트릭스를 사용한다. 피험자는 기호들이 좌에서 우로, 위에서 아래로 변화하는 방식을 결정짓는 규칙을 알아내야 한다. 일정한 패턴을 추론해내면 비어 있는 기호의 생김새에 대한 결론을 도출해 선택지에서 답을 고른다.

이러한 문제를 해결하는 능력은 작업기억에 저장할 수 있는 정보의 양에 크게 좌우된다. 이것과 관련해 가장 많이 인용되는 논문 중 하나는 〈추론능력은 곧 작업기억 용량인가?〉[*]이다. 독일의 심리학자 하인츠-마르틴 쉬쓰(Heinz-Martin Süβ)는 자신의 연구결과를 다음과 같이 요약했다. "현재로서는 작업기억 용량이 인간의 인지에 관한 각종 이론과 연구로부터 도출된 최선의 지능예측 인자다."

미국 조지아공과대학교의 심리학자 랜들 엥글(Randall Engle)은 작업기억 과제와 문제해결 능력(엄밀히 말하면 유동성지능. 유동성지능에 관해서는 제13장에서 보다 자세히 논의한다) 간에 밀접한 상관관계가 있음을 입증했다. 작업기억 용량과 유동성지능 간의 관계는 사용하는 테스트에 따라 약간씩 다르다. 하지만 한 과학저널에 따르면 상관관계가 대개 0.6~0.8인 것으로 밝혀졌

• Reasoning ability is (little more than) working memory capacity?

다.(여기서 0은 상관관계가 전혀 없는 것이고 1은 완전히 일치하는 것을 의미한다.) 이는 사람마다 문제해결 능력이 다른 이유 중 절반 정도는 개인마다 작업기억 용량이 다르기 때문이라는 것을 의미한다.

작업기억과 단기기억의 차이점

그럼 단기기억(short-term memory)이란 무엇이며 작업기억과는 어떤 관계가 있을까? 이에 대한 답은 그렇게 간단하지 않다. 실제로 이 문제에 대해서는 지금도 학계에서 논의가 진행 중이다. 방금 들은 여러 단어를 기억해서 말하는 능력은 유동성지능과 상관관계가 낮지만, 이중과제 요구사항이 있는 보다 복잡한 구두 작업기억 과제를 수행하는 것은 유동성지능과 상관관계가 높다. 따라서 많은 심리학자들이 단기기억과 작업기억이라고 부르는 두 가지 종류의 기억과제가 있다고 간주해왔다.

이러한 이분법에 따르면, 단기기억은 복잡한 지적능력이나 유동성지능과 상관관계가 낮은 정보의 단순한 보유와 반복을 의미한다. 반면에 작업기억은 어느 정도 추가적인 조작이 필요하거나, 어떤 형태로든 방해요소를 포함하거나, 어느 정도 멀티태스킹을 요구하며, 유동성지능과 상관관계가 높은 기억과제를 의미한다.

하지만 이러한 구분의 문제점은, 어떤 과제를 무엇으로 분류할 것인지 합의가 거의 이루어지지 않았다는 점이다. 숫자를 역순으로 암기하는 과제를 단기기억 과제로 분류하는 학자도 있고 작업기억 과제로 분류하는 학자도 있다. 또한 정보 부하가 높은 단기기억 과제에 대한 성취도는 복잡한 작업기억 과제 못지않게 유동성지능과 상관관계가 높은 것으로 밝혀졌다. 게다가 구두 작업기억 과제에 적용되는 구분은 시공간 작업기억 과제에 대해서는 유효하지 않은 것으로 보인다. 조작 없이 정보의 보유와 반복만 요구하는 시공간과제 중 일부는 복잡한 구두 작업기억 과제와 마찬가지로 유동성지능과 상관이 있다.

따라서 '작업기억은 정보의 보유와 동시에 조작이 필요하다'는 정의는 잘못된 것이다. 나중에 살펴보겠지만, 적어도 시공간영역 내에서는 단기기억 과제와 작업기억 과제 간에 뇌활동에서 명확한 차이가 있다는 것을 밝히는 것조차 어려워 보인다. 비록 정도의 차이는 있지만, 단기기억 과제든 작업기억 과제든 활성화되는 뇌영역은 대개 같은 것으로 보인다. 따라서 정도의 차이일 뿐 종류의 차이는 없는 것 같다.

언젠가는 다양한 작업기억 과제를 수행하는 과정에서 관찰되는 뇌활동에 따라 각각에 올바른 이름을 지어줄 수 있을 것이다. 이에 관해서는 나중에 좀더 자세히 살펴보기로 하고, 여기서는 작업기억 과제가 다양하다는 것 정도만 알아두자. 어쨌든 '작업기억'이라는 용어는 이 책의 목적에 부합한다. 앞으로 우리의 초점은 (복잡한 구두 작업기억 과제와 마찬가지로 유동성지능과 상관성을 갖는) 시공간 작업기억이 될 것이다.

　작업기억이 우리의 문제해결 능력에 그토록 중요한 이유가 몇 가지 있다. 레이븐스 매트릭스를 풀기 위해 우리는 앞서 살펴본 간단한 연산문제에서처럼 지시사항을 기억하는 것과 동시에 작업기억 속에서 시각정보를 보유하고 조작해야 한다. 논리문제 해결 또한 시공간적 성격의 상징적인 표현을 내포하고 있는 것으로 보인다. 하지만 우리는 주의력을 통제할 필요도 있다. 랜들 엥글의 해석에 따르면 특히 중요한 것은 작업기억과 통제주의력 간의 오버랩이다. 우리는 집중하고자 하는 대상이 무엇인지를 명심해야 한다.

4장

작업기억에 대한
다양한 가설

The Overflowing Brain

제3장에서 우리는 정보보유 능력이 다양한 지적과제를 해결하는 데 필수적임을 알게 되었다. 작업기억은 주의력 통제, 지시사항과 실행계획 기억, 복잡한 문제해결에 사용된다. 하지만 작업기억 용량이 한정되어 있기 때문에 정보를 처리하고 추론하는 우리의 능력에도 한계가 있다. 석기시대 두뇌가 정보의 홍수를 만날 때 생기는 여러 가지 문제의 원인을 곰곰이 생각해보면 작업기억의 한계가 그중 하나가 아닐까 싶다. 그렇다면 정보는 정확히 어떻게 저장되는 것일까? 이러한 한계가 두뇌의 어디에 위치하는지 밝혀낼 수 있을까? 이에 대해 좀더 자세히 살펴보자.

뇌활동과 작업기억에 대한 이해를 높이는 데 상당한 기여를 한 과학자를 꼽으라면 도트테스트 개발자 중 1명인 예일대학교 신경과학자 퍼트리샤 골드먼-라키츠 박사가 있다. 박사는 영장류를 대상으로 뇌의 여러 영역에서 뉴런의 활동을 관찰하면서 작업기억 과제와 연관성이 뚜렷한 활동을 찾았다. 이는 꽤 까다로운 탐색과정이었다. 관찰대상인 뉴런은 대부분 작업기억 과제와 어떤 연관성도 없어 보였기 때문이다. 이런 종류의 연구에서는 대개 센서에 앰프와 스피커를 연결해 뉴런의 전기적 활동을 기계음으로 재생한다. 물론 기계음이 혼란스럽기는 하지만 우리가 이해하지 못할 만큼 복잡하지는 않다.

혼란 속에서도 퍼트리샤 골드먼-라키츠 박사는 일정한 패턴을 추출해냈다. 정보가 작업기억에 보유되는 동안 활성화되는 많은 세포들이 흥미로운 패턴을 보여준 것이다. 이 세포들은 원숭이가 기억해야 하는 도트를 볼 때 활성화되고, 도트가 사라졌을 때도 원숭이가 기억한 지점으로 시선을 옮길 때까지 끊임없이 신호를 내보냈다. 이러한 뉴런의 활동을 '지연기간'(delay-period)이 있다고 말한다. 만일 신호가 끊긴다면 원숭이는 더이상 정보를 기억할 수 없을 것이다. 이런 지연기간 활동을 보이는 뉴런은 전두엽뿐만 아니라 두정엽에서도 발견되었다.

퍼트리샤 골드먼-라키츠를 비롯해 UCLA대학교의 호아킨 푸스터(Joaquin Fuster) 등 여러 과학자가 발전시킨 이론에 따르면, 정보가 작업기억에 보유되는 이유는 특정뉴런이 지속적으로 활성화되기 때문이다. 이는 정보가 부호화됨으로써 뉴런 간 연결*이 영구적

• 뉴런의 연접부, 즉 시냅스(synapses)를 말한다.

으로 강화되는 장기기억의 방식(긴 시간이 걸리고, 무엇보다도 새로운 단백질 생성이 필요한)과는 다른 원리다. 작업기억이 활성화되는 과정은 즉각적으로 정보저장의 수단을 제공하는 훨씬 더 역동적인 과정이다. 전기적 활성화 패턴이 1000분의 1초 만에 성립될 수 있기 때문이다. 그러나 신경망이 교란되어 지속적인 활성화가 차단되면 기억이 상실되기 때문에 민감한 수단이기도 하다.

이 시점에서 우리는 다시 "다양한 종류의 기억을 어떻게 정의할 것인가?"라는 문제로 돌아갈 수 있다. 두뇌에서 실제로 벌어지는 일과 일치하는 명칭을 원한다면 작업기억은 '지속적 뉴런 활동을 기반으로 단기간 동안 정보를 활성화된 상태로 유지하는 능력'이라고 정의할 수 있다.

우유를 사기 위해 마트 주차장에 차를 세우는 예를 다시 들어보자. 자동차의 위치는 장기기억에 저장된다. 전두엽의 뉴런은 주차 위치를 부호화하지도 않고, 쇼핑하는 동안 주차 위치 정보와 관련해 지속적으로 활성화되지도 않는다. 하지만 쇼핑하는 동안에도 사려고 하는 품목인 우유는 작업기억에 저장되어 있다. 말하자면 정보가 특정한 전두엽 뉴런에 지속적으로 존재한다는 점에서, 그 정보는 '온라인'상에 있는 것과 마찬가지다.

이러한 지연기간 동안 뉴런이 어떻게 계속해서 활성화 상태를 유지하는지는 여전히 미스터리다. 한 가지 가설은 순환루프(recurrent loop), 즉 서로를 자극함으로써 활성화를 유지하는 신경망의 존재다. 이 메커니즘에 대한 연구는 컴퓨터 시뮬레이션의 도움을 받아 최근 몇 년 동안 어느 정도 진전을 보았다. 이 연구에서는 개별 뉴런이 활성화되는 방식을 보여주는 컴퓨터 모델을 이용한다. 과학자들은 가상 뉴런을 서로 연결해 네트워크를 만들어서 활성화가 유지되는 조건을 알아볼 수 있다. 연구결과 자극과 억제 사이에는 절묘한 균형이 필요하다는 사실이 밝혀졌다. 억제가 너무 많으면 뉴런의 활동과 정보가 사라지고, 억제가 너무 적으면 뉴런의 활성화가 지나쳐 일종의 간질 증상이 나타난다.

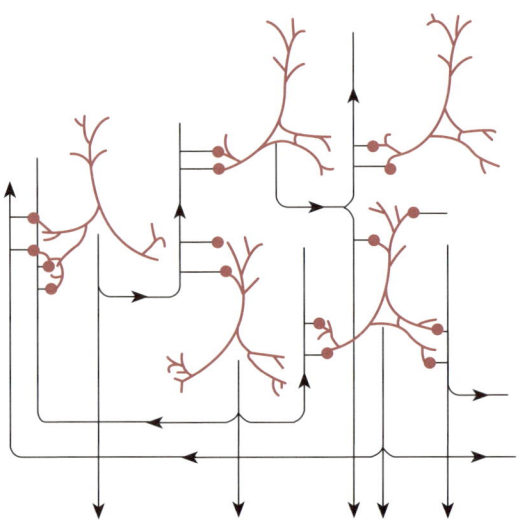

| 그림 4-1 | 신경망의 동시활성화(coactivation)에 의해 뉴런의 활동(즉 정보)이 어떻게 보유되는지 설명하기 위해 컴퓨터 모델을 이용한다.

두정엽의 지속적인 활성화

인간의 작업기억이 작동하는 원리에 대한 지식은 양전자방사선단층촬영(PET) 개발로 과학자들이 작업기억 과제를 수행하는 피험자의 뇌혈류를 측정할 수 있게 된 1990년대부터 급격히 증가하기 시작했다. 이로써 전두엽의 활성화 방식이 밝혀졌고, 영장류의 전두엽 기능에 대한 이전의 지식과 인간의 전두엽 병변(病變)에 대한 각종 연구가 비교분석되었다. PET 장치를 이용하면 보다 정밀한 정보를 얻을 수 있기 때문에, 구두정보를 보유할 때 활성화되는 영역과 시각정보를 보유할 때 활성화되는 영역을 구분할 수 있다.

　PET 장치는 주기해상도(temporal resolution)가 1분 정도밖에 되지 않는다. 1990년대 중반 과학자들은 fMRI를 이용해 대략 2초에 1회꼴로 뇌활동을 촬영하기 시작했다. 주기해상도가 더 높으면 별도의 두 기간, 즉 정보가 작업기억에 보유되는 지연기간과, 사물을 제시했을 때 반응기간에 발생하는 활동을 정밀하게 나타낼 수 있다. 몇몇 연구에서는 지연기간과 동시에 발생하는 활동을 분석하고 전두엽의 지속적인 활동을 밝혀냈다. 따라서 정보가 전두엽의 지속적인 활동에 의해 보유된다는 가설은 인간의 경우 유효한 것으로 보인다. 당연히 이러한 연구를 통해 전두엽 피질뿐만

• Positron Emission Tomography
•• 센서가 특정한 지역의 화상을 얼마나 자주 기록하는지 나타내는 것.

아니라 두정엽 영역들도 지연기간에 지속적으로 활성화된다는 사실이 관찰되는 등, 훨씬 상세한 결과들이 속속 밝혀졌다.

작업기억과 통제주의력의 오버랩

통제주의력 테스트와 작업기억 테스트를 통해 얻은 정보를 비교해보면 작업기억과 통제주의력이 서로 어떻게 연관되어 있는지 알 수 있다. 적어도 몇몇 심리학 이론이 이를 입증하고 있다. 그렇다면 같은 두뇌 시스템이 활성화되는 것일까?

　작업기억 과제를 수행하는 동안의 뇌활동을 알아보는 연구에서 UC버클리대학교의 클레이턴 커티스(Clayton Curtis)와 마크 데스포지토(Mark D'Esposito)는 과거에 원숭이를 대상으로 했던 도트테스트를 이용해 실험을 진행했다. 15명의 실험 참가자를 대상으로 45분 동안 뇌활동을 측정하면서 과학자들은 1초 간격으로 뇌활동을 촬영했다. 이 실험은 45분 동안 자기공명 촬영장치 안에 누워서 여러 도트를 기억해야 하는 피험자뿐만 아니라, 촬영된 4만여개의 이미지들에서 정보를 분석해야 하는 과학자들에게도 많은 인내력을 요구하는 일이었다.

　촬영된 이미지를 통계적으로 분석한 클레이턴 커티스와 마크 데스포지토는 두정엽(두정엽내고랑 부근)과 전두엽의 상측(상전두회), 전두엽의 전측(중전두회)에서 활성화를 관찰할 수 있었다.

흥미로운 점은, 앞의 두 영역은 통제주의력에 대한 실험에서도 활성화된 영역이라는 것이다.(제2장 62쪽 그림 2-3 참고) 그렇다면 우리는 이 연구의 결과가 심리학에서 설명하는 작업기억과 통제주의력 간의 오버랩을 입증한다는 것을 알 수 있다. 이는 도트의 위치를 기억하는 것과 도트의 예상 위치(주의를 기울일 위치)를 기억하는 것 사이에는 차이가 없다는 의미일 수도 있다.

하지만 작업기억과 통제주의력이 완벽하게 오버랩되지는 않는다. 많은 작업기억 과제에서는 전두엽의 전측 영역에서 활성화가 관찰되는데, 이는 통제주의력 과제에서는 관찰되지 않을 때도 있다. 이러한 활성화가 어떤 기능을 하는지는 확실하지 않다. 우리의 뇌기능 지도에는 아직까지 알려지지 않은 영역이 많다. 그중에서도 특히 전전두엽은 아직도 상당부분이 미지의 영역이다. 하지

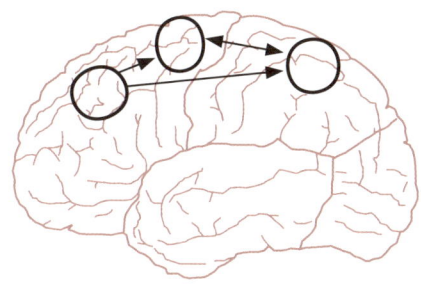

| 그림 4-2 | 원으로 표시된 부분이 작업기억 과제 중에 활성화되는 영역이다. 피험자가 공간정보를 보유해야 할 때 작업기억 과제의 지연기간에 두정엽과 상측 전두엽이 지속적으로 활성화된다. 이 영역은 주의력 통제시에도 활성화된다. 전두엽의 더 앞쪽 영역은 작업기억 과제 중에는 활성화되지만 통제주의력 과제 중에는 활성화되지 않을 때도 있다. 화살표는 작업기억 과제 중에 추정되는 영역 간 커뮤니케이션 방식을 보여준다. (자료 : 클레이턴 커티스와 마크 데스포지토, 2003년)

만 전전두엽의 활성화가 하향식 통제를 제공함으로써 전두엽과 두정엽의 상측 간 연결을 안정화하거나 강화할 가능성이 있다.

정보가 뇌에 부호화되는 방식

이러한 뉴런의 활동에 관한 한 가지 중요한 의문은 "지연기간에 세포들이 어떻게 외부자극 없이 활성화 상태를 유지할 수 있는가?" 하는 것이다. 아마도 신경망 내의 피드백 때문인 것으로 보인다. 또 하나 중요한 의문은 "이러한 지속적 활성화로 인해 어떤 종류의 정보가 부호화되며 이는 무엇을 의미하는가?" 하는 것이다.

장기기억을 연구하는 학자들 사이에서는 비슷한 문제에 대해 이미 논의가 진행된 바 있다. 특정뉴런이 특정기억을 담당한다고 보는 이론도 있다. 이러한 '할머니세포설'에 따르면, 우리에게는 할머니를 볼 때마다 활성화되는 특정한 세포가 있어서 할머니를 기억할 수 있다.

작업기억에 관한 한 이론에 따르면, 두뇌의 후부에서 나오는 감각정보는 할머니세포설과 유사한 방식으로 전두엽의 분화된 뉴런으로 전달된다. 따라서 특정한 전두엽 세포의 지속적 활성화는 원숭이가 우측 90도에서 도트를 본 것을 기억하게 해주고, 인접세포의 활성화는 우측 120도에 있는 도트의 기억을 담당하는 식으로 진행된다. 또다른 모델에 따르면, 다양한 자극에 대한 정보는 뉴런이 활성화되는 특정주파수에 의해 부호화될 수 있다. 그러나 정보가 단순히 전두엽 뉴런의 활성화를 통해서만 수집될 수는 없다는 사실을 보여주는 연구도 있다. 어떤 세포는 기억되는 자극의 종류와 관계없이 작업기억 활성화를 보인다. 이러한 세포는 음성정보와 시각정보 같은 둘 이상의 감각양식에 대해 부호화될 수 있기 때문에 '다중양식(multimodal) 뉴런'이라고 부를 수 있다. 일종의 팔방미인 뉴런이다.

이러한 모든 내용이 현학적이고 비실용적인 것으로 보일 수 있고, 전두엽의 다양한 뉴런을 분류하는 데 특별히 관심이 있는 사람(필자를 포함해)이 아니라면 별다른 관련성도 없는 것으로 보일 수 있다. 그러나 정보가 부호화되는 방식은 두뇌에서 정보의 흐름이 조직화되는 방식에 다양한 영향을 미칠 수 있다. 만약 전두엽의 각 세포가 특정자극에 대해서만 부호화된다면 이는 정보흐름이 병렬조직화되어 있다는 것을 의미한다. 이 모델을 옹호한 퍼트리샤 골드먼-라키츠는 작업기억이 병렬계통으로 구성되어 있고, 각 계통은 고유한 정보만을 처리한다고 주장했다. 반면 작업기억에 다중양식 뉴런이 관여한다면, 이런 세포들은 후두부의 감각세포에서 정보를 받을 것이므로 정보가 한곳으로 수렴하는 흐름을 보일 것이다.

필자가 동료들과 함께 수행한 작업기억에 대한 몇몇 연구는 정보의 부호화 방식에 대한 논의와 관련이 있다. 한 실험에서는 두 가지 다른 작업기억 과제를 수행하는 동안 뇌활동을 측정했다.

음의 고저를 기억하는 과제와 명암을 기억하는 과제였다. 이러한 작업기억 과제를 수행하는 동안 뇌의 특정영역이 활성화되었지만, 저장되는 정보의 종류와는 관계가 없었다. 다시 말하면 이 영역은 다중양식 작업기억 영역이다. 이러한 연구결과는 퍼트리샤 골드먼-라키츠가 가설로 내세운 병렬구조가 틀렸음을 보여주었고, 이후 여러 다른 연구에 의해서도 타당성이 입증되었다.

그렇다면 이 연구결과에 어떤 중요성이 있을까? 정보처리가 특정영역으로 수렴한다는 사실은 기능적 중요성을 가질 가능성이 높다. 병렬프로세서가 장착된 컴퓨터가 단일프로세서가 장착된 컴퓨터보다 더 높은 성능을 발휘하는 것처럼, 병렬조직이라면 정보흐름이 보다 원활하고 통신두절과 용량제한의 영향을 덜 받을 것이다. 수렴지점은 병목현상을 유발할 가능성이 높다.

석기시대 두뇌가 정보의 홍수를 만날 때 문제를 야기하는 이유를 찾는다면 아마도 작업기억의 한정된 용량이 유력한 후보가 아

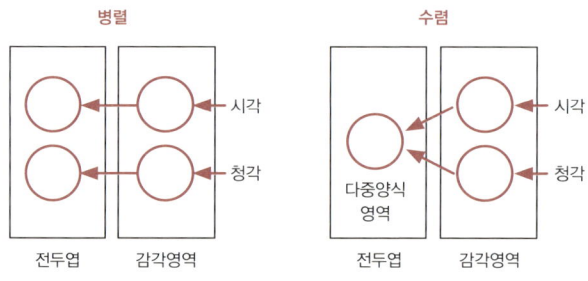

| 그림 4-3 | **작업기억 과제를 수행하는 동안 두뇌에서 벌어지는 정보의 흐름이 병렬일 때와 수렴일 때의 예시**

닐까 싶다. 한 걸음 더 나아가 두뇌조직화 한계의 원인을 찾는다면 다중양식 영역이 병목지점으로 유력해 보인다. 하지만 여기서 우리가 실제로 다루는 것은 무엇일까? 작업기억 용량이나 문제해결 능력을 결정하는 두뇌의 개별영역처럼 단순한 무언가를 찾을 수 있을까?

5장

아동과 성인의 두뇌를
비교하면?

The Overflowing Brain

앞서 언급한 것처럼 조지 밀러는 인간의 정보처리 능력에 내재된 한계가 있어서 작업기억에 대략 일곱 단위만 보유할 수 있다는 가설을 세웠다. 그는 정보이론의 대역폭 개념을 심리학에 도입했다. 이런 점에서 인간의 두뇌는 저장과 처리, 재생이 가능한 입력정보의 양을 완벽히 정량화할 수 있는 통신채널로 볼 수 있다.

물론 두뇌를 구리선에 비유하는 것은 지나치게 단순한 비유일 수도 있다. 하지만 여전히 다음과 같은 의문이 남는다. 두뇌가 작업기억에 정보를 보유하는 용량이 한정된 이유는 무엇일까? 어떤 특정한 두뇌영역 때문이라고 딱 꼬집어 말할 수 있을까? 이렇게 용량을 제한하는 메커니즘은 무엇일까?

무엇보다 우리는 7이라는 숫자가 신성한 것이 아니라는 점을 지적해야 한다. 작업기억이 보유할 수 있는 정보의 양은 테스트가

설계된 방식에 따라 어느 정도 영향을 받는다. KGB1968CIA2001 처럼 의미 있는 단위로 정보를 조합한다면 작업기억은 7개 이상의 항목도 처리할 수 있다. 이처럼 정보를 비트 단위로 묶는 것을 '의미 덩이 짓기'(chunking)라고 한다. 피험자가 지연기간에 정보를 되뇔 수 없도록 설계한 다른 유형의 작업기억 과제에서, 작업기억 용량은 심리학자 넬슨 코완(Nelson Cowan)이 입증한 것처럼 네 단위로 떨어진다. 그러나 넬슨 코완은 숫자 7의 특이성에 대해서는 의문을 제기하지만, 명확한 임계점이 있고 그것이 두뇌의 정보처리 용량에서 가장 중요한 한계 가운데 하나라는 사실에는 동의한다.

20명의 학생에게 무작위로 선정한 일련의 숫자를 기억하라고 요구한다면 대부분 6자리에서 8자리까지만 기억할 수 있을 것이다. 이들의 시공간기억을 테스트해보면 어떤 학생은 5개 위치를 기억하고 어떤 학생은 8개 위치를 기억할 것이다. 개별적인 결과가 어떻게 나오건 간에 평균은 조지 밀러가 말한 7의 한계에 놀랍도록 근접한다.

과학자에게 정보는 편차 또는 차이와 동등한 가치를 갖는다. 가령 두뇌발달에 납이 미치는 영향을 알아보려면 많은 양의 납에 노출된 사람들의 뇌를 검사해서 그 결과를 납에 거의 노출되지 않은 사람들의 뇌와 비교해보아야 한다. 따라서 우리가 두뇌의 용량과 기능 간의 관계를 알아보려면 용량의 차이를 연구해야 한다. 이런 점에서 가장 명백한 차이는 아동과 성인의 작업기억 간의 차이다. 그러면 이제 유년기 동안의 용량발달과 이 기간에 두 뇌에서 벌어지는 일들에 대해 좀더 자세히 살펴보자.

두뇌의 발달

혹시 7개월 된 아기를 만날 기회가 생기면, 아기가 지켜보는 가운데 2개의 담요 중 하나에 아기가 좋아하는 장난감을 숨겨보아라.(물론 먼저 아기의 부모한테서 허락을 받은 다음에.) 몇 초 동안 아기의 시선을 분산시킨 후에 아기에게 장난감을 찾도록 해보라. 아기가 장난감이 숨겨진 장소를 기억하기 위해 장기기억을 사용하지 못하도록, 숨기는 장소를 바꿔가며 이 실험을 여러 번 반복하라.

5개월 된 아기는 보이지 않는 사물의 개념을 보유할 수 없기 때문에 이러한 과제를 성공적으로 수행하지 못한다. 보지 못하면 생각도 못하는 것이다. 작업기억이 없는 삶이 어떨지 알아보고 싶다면(그런데 도저히 자신을 금붕어라고 상상하기 어렵다면) 세상을 아기의 눈으로 바라보면 된다. 세상은 끊임없는 자극이 유입되는 곳일 것이다. 작업기억은 생후 7개월쯤에 서서히 발달하기 시작한다. 12개월에 이르면 아기는 몇 초간의 지연기간이 있어도 숨겨진 장난감을 찾아낼 수 있다.

장난감이 숨겨진 곳을 기억하는 것은 작업기억 발달로 가는 작

은 첫걸음에 불과하다. 아동기를 거쳐 사춘기가 될 때까지 작업
기억의 정보저장 용량은 계속 증가한다. 따라서 성인은 아동에 비
해 작업기억이 뛰어나다. 8세 된 아이에게 선생님이 "연필과 지우
개, 수학책, 연습장을 꺼내 25쪽에 있는 문제를 풀라"고 지시하면,
이 아이가 1분 후 해당 쪽의 수학 문제를 풀고 있을 가능성은 얼
마 되지 않는다. 계속 놀고 싶은 마음 때문일 수도 있겠지만, 그보
다는 아이의 작업기억에 과부하가 걸렸기 때문이다. 작업기억에
복잡한 지시사항을 보유해 지시받은 대로 끝까지 과제를 수행할
수 없는 것이다.

이러한 발달에는 많은 요소가 있다. 그중 한 가지 요소는 전략
수립이다. 가량 4세 된 아이는 숫자를 기억하기 위해 혼잣말로 되

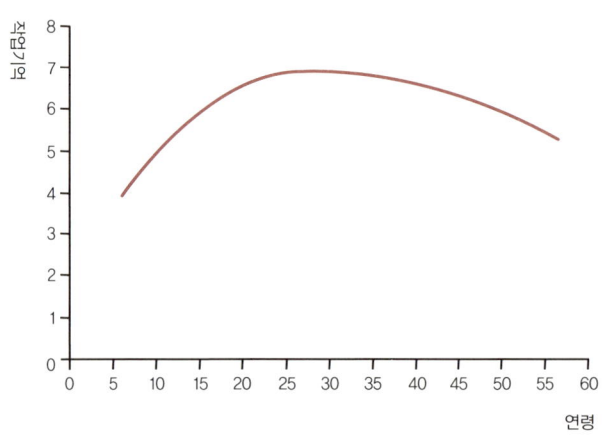

| 그림 5-1 | 연령에 따른 작업기억의 변화 (자료 : H. L. 스완슨, 1999년)

뇌는 방법을 이용하지 않는다. 이런 방법은 6세나 7세 정도가 되어야 처음 사용하기 시작한다. 하지만 방법의 차이는 무시한다 하더라도 작업기억의 차이는 여전히 존재한다. 이런 차이는 아이들에게 한 번에 하나씩 보여준 도트의 위치를 기억하도록 하는 간단한 테스트를 통해 측정할 수 있다. 몇몇 연구에 따르면, 도트의 위치를 기억하는 능력은 아동기와 청소년기를 거치면서 증가하다가 25세쯤에 정체기에 이르는 것으로 밝혀졌다. 8세 아동의 경우 정보저장 능력이 1년에 대략 7퍼센트 정도 증가하면서 발달한다. 심리학자 샌드라 헤일(Sandra Hale)과 아스트리드 프라이(Astrid Fry)는 이러한 발달이 아동기에 우리의 문제해결 능력이 어떻게 향상되는지 결정한다는 사실을 입증했다.

나쁜 소식은, 정보저장 능력이 서서히 하락기로 진입한다는 사실이다. 몇몇 연구에 따르면, 55세에 이르면 다시 12세의 수준으로 돌아가게 된다. 아마도 25세를 넘긴 사람들은 이러한 쇠퇴를 연륜에서 쌓인 지식과 전략으로 보상함으로써 위안을 얻거나 "나이와 기만은 젊음과 기술을 극복한다"는 그리스 속담에서 위안을 얻어야 할 것 같다.

아동의 작업기억이 성인보다 떨어진다는 주장은 자녀들과 컨센트레이션(Concentration) 게임*을 하면 늘 지는 많은 학부모(필자를 포함해)의 경험에 부합하지 않는 것처럼 보인다. 컨센트레이

---

* 기억력을 이용해 그림 카드의 짝을 맞추는 게임.

선 게임은 동일한 그림 카드가 쌍으로 존재하는 게임이다. 20장 (즉 10개 쌍) 정도의 카드를 섞어서 앞면이 보이지 않게 바닥에 늘어놓는다. 플레이어는 한 번에 2개의 카드를 차례로 뒤집는다. 두 카드의 그림이 일치하면 카드를 빼서 플레이어가 갖는다. 플레이어는 여러 카드의 위치를 기억해두었다가 짝을 맞춰 뒤집어야 이길 수 있다.

이 게임에 대해서 체계적인 연구가 이루어졌다. 많은 사람들이 경험한 것처럼, 10세의 자녀가 중년의 부모를 이기는 경우가 대부분이다.(중년의 부모는 자신의 노부모님을 이기는 것에서 위안을 얻을 수밖에 없다.) 이런 현상이 벌어지는 이유는, 이 게임에서는 장기기억을 사용하는 것이 편리하기 때문이다. 우리는 감춰진 카드 앞면에 대한 정보를 작업기억에서 지속적으로 반복재생하지 않고 나중에 찾아 쓸 수 있도록 장기기억에 부호화해둔다. 이렇게 장기기억을 사용하는 것은 우리가 잠깐 쇼핑하고 나서 주차된 차의 위치를 기억할 때와 마찬가지다. 일부 장기기억 능력은 점진적인 발달의 대상이 아니고, 실제로 아동이 성인보다 더 나을 수 있다.

사이먼(Simon)이라고 하는 컴퓨터게임은 또다른 종류의 기억력 테스트 게임이다. 일정한 순서(가령 상하좌우)로 불이 들어오는 네 가지 색의 버튼이 원형으로 배열되어 있다. 순서에 맞게 버튼을 누르면 순서가 한 단계 늘어나, 가령 상하좌우좌가 된다. 많은 사람이 15단계까지는 순서를 기억할 수 있다고 주장하는데, 이는 우리가 작업기억에 일곱 가지 항목만 보유할 수 있다는 개념과 일치하지 않는 것처럼 보인다. 그러나 이 게임에서처럼 순서가 일정하게 반복되면 우리는 장기기억을 사용해 과제를 수행할 수 있다. 만약 순서가 매번 무작위로 생성된다면 훨씬 일찍 실패할 것이다.

두뇌의 신호와 용량

아동의 두뇌용량이 증가함에 따라 두뇌에서는 어떤 변화가 일어나는 것일까? 필자가 카롤린스카연구소에서 동료들과 함께 지난 몇 년간 시행한 연구에서는 아이들에게 도트의 위치를 기억하는 단순한 과제를 주고 뇌활동을 측정했다. 연구결과 아동기에 활동이 증가하는 특정영역(두정엽과 전두엽 상측, 전두엽 전측)이 있음이 밝혀졌다. 이는 다른 과학자들의 연구결과와도 일치한다.

뇌에서 비교적 큰 부분을 차지하는 두정엽의 주름들은 '두정엽내고랑'(intraparietal sulcus)이라고 하는 고랑을 형성하는데, 바로 이 두정엽내고랑 주변에서 가장 크게 눈에 띄는 변화가 관찰되었다. 이 영역은 이전 연구에서 통제주의력 과제를 수행하는 동안 활성화가 관찰된 바로 그 부위다.

아동과 성인에서 활성화되는 전두엽의 영역은 수행하는 과제에 따라 달라진다. 여러 연구에서 주의력 통제시에 활성화되는 전두엽 상측에서 이런 차이가 나타나는 것으로 밝혀졌다. 작업기억 과제에 헷갈리게 하는 오답이 포함되면 전전두엽 피질의 활성화가 차이를 보인다. 따라서 이 세 영역(두정엽내고랑, 전두엽, 전전두엽 피질)은 모두 기억 용량과 연관성을 갖는다. 활성화가 높을수록 기억력이 좋다고 볼 수 있다.

작업기억의 한계를 유발하는 핵심영역을 찾는 또다른 방법은 앞에서 소개한 '인간 두뇌의 용량한계' 그래프(제1장 33쪽 참고)를 이용해 활성화 곡선이 그래프와 닮은 뇌영역을 찾는 것이다.

2004년 《네이처》*에 발표된 두 연구가 바로 이런 시도를 한 것이다. 첫 번째 연구에서 피험자는 2개, 4개, 6개 또는 8개 항목(화면에 표시된 작은 원의 색깔과 위치)을 작업기억에 보유하는 과제를 수행했다. 이 과제의 성취도는 그래프의 예측대로 서서히 떨어졌다. fMRI를 이용해 뇌활동을 측정해보니 단 하나의 뇌영역만이 용량한계 곡선과 모양이 일치하는 것으로 판명되었는데, 그 영역이 바로 두정엽내고랑이었다. 두 번째 연구에서는 뇌전도(EEG)**를 이용해 전기적 활성화를 분석했는데, 역시 두정엽내고랑이 용량한계 곡선과 모양이 일치하는 것으로 밝혀졌다.

그렇다면 작업기억 용량과 관련이 있는 것으로 간주되는 문제해결 능력은 어떨까? 서울대학교 이건호 교수팀이 실시한 대규모 연구에서 젊은이들을 대상으로 레이븐스 매트릭스의 성취도를 측

• Nature
•• electroencephalogram

정한 후 피험자들이 작업기억 과제를 수행하는 동안 뇌활동을 측정했다. 문제해결 능력과 뇌활동 간의 상관관계가 두정엽과 전두엽에서 관찰되었다. 특히 필자의 연구팀을 비롯한 여러 연구팀이 밝혀낸 것처럼, 아동기에 작업기억 용량의 발달과 밀접하게 연관된 두정엽내고랑에서 가장 주목할 만한 상관관계가 관찰되었다.

이렇게 많은 연구결과에서 밝혀진 바와 같이, 우리의 작업기억 용량을 결정하는 영역은 두정엽과 전두엽이다. 뇌 전체에 걸쳐 불분명한 차이가 존재한다기보다는 소수의 명확한 영역이 있다. 이 영역들은 정보가 작업기억에 저장될 때, 그리고 미리 정해진 지점으로 주의를 집중할 때 활성화된다. 아마도 바로 여기서 우리는 정보를 받고 보유하는 능력을 제한하는 핵심영역인 병목지점을 찾을 수 있을 것으로 보인다. 전두엽은 과거 수십년간 막연하게나마 고차원적인 인지기능과 연관되어왔기 때문에, 전두엽이 관여할 것이라고 예상되었다. 그러나 비교적 최근에 와서야 두정엽이 문제해결과 작업기억에 중요하다는 사실이 밝혀졌다. 다양한 접근방식을 이용한 여러 연구가 한결같이 두정엽을 지목한다는 사실 또한 주목할 만하다.

알버트 아인슈타인(Albert Einstein)의 뇌에서 일반인과 다른 특이한 부분이 두정엽이라는 사실도 우연이 아니다. 그의 뇌는 일반인들에 비해 더 크거나 무겁지도, 좌우반구 사이에 연결이 더 치밀하지도, 뉴런의 개수가 더 많지도, 전두엽이 특별히 더 크지도 않다. 하지만 두정엽만큼은 매우 특이하다. 두정엽이 평균치보다 훨씬 넓고 좌측이 우측보다 훨씬 커서 비대칭이다. 해부학적 구조 또한 매우 특이하다. 두정엽을 나누는 고랑에서 특이하게 전방전 위(anterior displacement)가 관찰되는데, 이는 아동기에 이 피질 부위 가 확장된 결과로 해석된다.

용량한계의 메커니즘은 무엇일까?

아동기에 지적능력 발달을 담당하는 핵심피질 영역이 밝혀졌다고 가정해보자. 정보 부하가 증가할 때 두정엽과 전두엽에 있는 이 영역에 어떤 일이 벌어질까? 왜 이 영역은 무제한적인 용량을 갖 지 못할까? 몇몇 연구에서 피험자가 기억해야 하는 글자나 숫자 또는 얼굴의 수가 증가할 때 뇌활동의 변화를 관찰해보니 혈류와 대사가 정보의 양에 비례해 점차 증가한다는 공통된 결과가 도출 되었다. 그렇다면 이런 결과는 뇌활동에서 관련 뇌영역으로 산소 나 혈액의 공급을 제한하는 대사한계가 있고, 바로 이것이 작업기 억에 한계를 유발한다는 의미일까? 근육처럼 두뇌에도 '젖산'이 축적된다는 의미일까? 일련의 숫자를 듣고 역순으로 암기해야 하 는 작업기억 테스트를 받아본 사람이라면 두뇌에도 젖산이 쌓인 다는 생각이 그렇게 터무니없게 들리지만은 않을 것이다.

하지만 유감스럽게도 이런 설명 중에 어떤 것도 특별히 가능성 이 높아 보이지 않는다. 우선 두뇌의 혈액 공급에 대해서라면, 뉴런은 혈액을 통해 항상 충분한 산소를 공급받을 수 있다. 사실 뉴런이 활성화되고 대사와 산소 소비를 높이면 해당 부위로 공급되는 혈액의 양이 지나치다 싶을 정도로 크게 증가한다. 우리는 또한 간질발작 같은 극단적인 경우에 두뇌로 공급되는 혈액의 양이 까다로운 지적과제를 수행할 때보다 훨씬 많다는 사실도 알고 있다. 따라서 우리는 여러 가지 다른 가능성을 살펴보아야 한다. 가령 작업기억의 향상을 유발하는 메커니즘을 이해하기 위해 아동기 발달과정에서 두정엽과 전두엽의 대뇌피질에 어떤 일이 벌어지는지 알아볼 수 있을까?

아이의 두뇌에서 일어나는 일

아동의 두뇌를 연구해보면 고도로 발달한 두뇌에는 뉴런이 많다는 지극히 상식적인 개념조차 의심스러워진다. 2세 유아의 전두엽에는 20세 성인에 비해 뉴런의 연접부(시냅스)가 거의 2배나 많다. 하지만 유아의 작업기억은 성인에 비해 훨씬 뒤떨어진다.

　시냅스의 밀도는 2세부터 점차 감소해서 12세쯤에는 성인의 수준에 도달한다. 유아기에 과도하게 생성된 뉴런과 시냅스는 이후 매우 빠른 속도로 감소한다. 좌우반구를 연결하는 섬유조직에서는 생후 첫 3개월 동안 매일 90만개의 축색돌기(axon)가 사라진다. 뉴런이 사라지는데도 기억 용량이 증가하는 이유는 설명하기 어럽다. 하지만 중요한 연결부의 강화와 중요하지 않은 연결부의 약화가 공동으로 작용해서 신경망 구조를 향상시키는 것으로 보인다.

연결신경섬유는 신경자극의 전달 속도를 증폭시키는 데 기여하는 미엘린(myelin)이라고 하는 지질 수초막으로 덮여 있다. 미엘린은 발달과정에서 두꺼워지는데, 이를 수초화(myelinization)라고 한다. 대부분의 수초화가 2세 이전에 일어나지만, 두뇌는 성인이 될 때까지 수초화 과정을 계속한다. MRI 연구결과 두정엽과 전두엽 간 연접부의 수초화는 작업기억의 발달과 상관관계가 있음이 밝혀졌다. 그것이 작업기억의 향상으로 이어지는 이유는 정확히 밝혀진 바가 없다. 더 빨라진 연결의 결과 때문일 수도 있고, 미엘린이 연결을 강화해 두정엽에서 시작되는 전기적 자극이 전두엽까지 전달될 가능성을 높이기 때문일 수도 있다.

이와 같이 아동의 두뇌에서는 용량의 발달과 함께 여러 가지 과정이 일어난다. 어떤 시냅스는 연결이 강화되고 어떤 시냅스는 연결이 약화되며, 두뇌의 여러 영역 간에 연결이 끊어지기도 하고 어떤 연결에서는 수초화가 진행되기도 한다. 인간의 두뇌를 연구하기 위해 현재 이용가능한 기술이 용량한계의 의문을 풀기에는 아직까지 완벽하지 않다고 할 수 있다. 가령 개별 뉴런 간의 연결 패턴에서 원인이 밝혀질 수도 있다. 때로는 PET나 fMRI 같은 뇌영상 촬영기술을 컴퓨터 온도를 측정하는 것에 비유하는 짓궂은 사람들도 있다. 컴퓨터가 켜져 있을 때와 꺼져 있을 때의 온도 차이를 측정할 수 있고, 심지어 컴퓨터 부품 간의 온도 차이를 측정할 수는 있어도 컴퓨터의 작동원리를 이해하려면 한참 멀었다는 것이다.

컴퓨터 시뮬레이션으로 살펴본 뇌활동

언젠가는 과학자들이 극도로 미세한 바늘을 이용해 개별 뉴런의 활동을 알아볼 수 있는 전기생리학(electrophysiology) 등의 정밀한 방법과, 여러 뇌영역의 활동을 동시에 측정할 수 있는 뇌영상 기술을 접목해 거시적 정보와 미시적 정보를 통합할 수 있는 날이 올 것이다. 또한 뉴런과 이들의 연결관계에 관한 충분한 정보를 얻어 사실적인 '두뇌 컴퓨터 모델'을 만들어서 뉴런의 행동방식에 관한 다양한 가설을 검증해볼 수 있을지도 모른다.

필자가 이끄는 연구팀은 현재 이러한 프로젝트를 진행하고 있다. 에스퍼 테그너(Jesper Tegnér), 프레드리크 에딘(Fredrik Edin), 율리안 매커비누(Julian Macoveanu) 등과 함께 아동기에 발생하는 뇌 용량의 증가와 뇌활동 변화의 원인이 되는 뉴런의 발달을 이해하기 위해 작업기억의 컴퓨터 모델을 개발하는 연구를 진행하고 있다.

이 연구에서 우리는 약 100개의 가상 뉴런으로 이루어진 신경망을 이용한다. 이 정도면 실제 뇌에서 전두엽 피질 1㎟ 미만에 해당하는 크기다. 우리는 작업기억에 정보를 보유할 때의 뇌활동이 이전에 영장류에서 관찰된 결과와 유사하도록 신경망을 보정했다. 이렇게 작은 신경망도 그 작업기억에 정보를 보유할 수 있다. 게다가 원숭이를 대상으로 한 실험에서 관찰된 바와 같이, 이 정보는 지연기간에도 지속적인 뉴런의 활동을 통해 저장되고 피드백에 의해 새롭게 유지된다.

그렇다면 이 모델을 통해 두뇌용량을 향상시킬 수 있는 방법을 알아낼 수 있을까? 우리는 '작업기억 향상의 원인은 뉴런 간에 더 강력한 연결 때문'이라는 가설과 '두뇌용량 향상의 원인은 더 빠른 연결(즉 뇌영역 간에 보다 효율적인 전기적 자극의 전달) 때문'이라는 두 가지 가설을 실험해보았다. 수초화의 영향을 받을 수 있는 후자의 가설은 MRI 연구결과 두뇌의 특정영역에서 진행되는 수초화가 작업기억의 발달과 관련이 있음이 밝혀졌기 때문에 필자가 강력히 믿은 가설이었다.

각각의 가설에 대해 '아동 모델 신경망'과 '성인 모델 신경망'을 만들었다. 그리고 나서 신경망을 자극해 작업기억에 정보를 보유할 때 일어나는 활동을 측정했다. 또한 어떤 가설이 데이터에 가장 부합하는지 알아보기 위해 fMRI를 이용해 아동과 성인의 뇌활동을 측정했다.

연구결과 첫 번째 가설이 우세했다. 더 강력한 시냅스 신경망보다 안정적일 뿐만 아니라, 교란을 받아도 기억과 관련된 활동을 보유할 수 있었다. 신경망의 활동은 또한 fMRI 관찰결과와도 일치했다. 실망스럽게도 필자가 믿은 (빠른 연결과 관련된) 두 번째 가설은 실험에서 기록된 뇌활동의 변화를 설명하지 못했다.

이 책의 서두에서 필자는 석기시대의 두뇌가 정보의 홍수를 만날 때 어떤 기능이 지적능력을 제한하는지 물었다. 앞서 살펴본 바와 같이 작업기억의 용량이 주요한 병목지점 가운데 하나인 것으로 보였고, 이러한 병목지점의 위치를 찾기 위해 뇌 전반을 살펴봄으로써 작업기억 용량이 대뇌의 신피질(neocortex) 전반에 고르게 분포되지 않고 두정엽과 전두엽의 몇몇 핵심영역에 연결되어 있음을 알게 되었다.

여기서 한 걸음 더 나아가 어떤 메커니즘이 이러한 영역의 용량을 제한하는지 알아보기 위해 최신 연구결과들을 살펴보았지만, 아직까지는 명확한 답이 없음을 알게 되었다. 컴퓨터 시뮬레이션 결과 용량의 한계는 뉴런 간의 강력한 시냅스 연결과 관계가 있을지도 모른다는 추정이 가능하다.

다음 장에서는 다시 정보의 홍수에 대한 이야기로 돌아가, 산만한 분위기에서 업무를 보거나 멀티태스킹을 할 때처럼 일상에서 우리의 정보처리 능력을 시험하는 까다로운 지적상황들에 대해서 살펴보겠다. 지금까지 우리는 작업기억 용량이 여러 가지 지적과제를 수행하는 데 매우 중요한 역할을 한다는 점을 알게 되었다. 그렇다면 방해요소를 처리하거나 멀티태스킹을 수행하는 능력을 결정하는 것도 작업기억 용량과 두뇌의 핵심영역일까? 때때로 우리의 두뇌가 동시에 두 가지 일을 처리하는 데 어려움을 겪는 이유는 무엇일까?

6장

멀티태스킹 능력과
작업기억의 관계

The Overflowing Brain

멀티태스킹은 더 많은 일을 더 빠른 시간 내에 처리하고자 하는 욕심 많은 사람들이나 성미 급한 사람들이 이용하는 전략으로 오랫동안 잘 알려져왔다.

아침식사를 하면서 면도하는 멀티태스킹은 운동신경의 한계 때문에 어렵고, 운전하면서 지도를 보는 멀티태스킹은 우리가 한 번에 하나의 자료에서만 정보를 받아들일 수 있고 한 번에 하나에만 시선을 돌릴 수 있기 때문에 어렵다. 또 어떤 멀티태스킹은 입력과 출력, 즉 자극과 반응 사이에서 유사한 정보처리를 요구하기 때문에 어렵다. 대부분의 경우 과제가 둘이 되면 작업기억에 부담이 된다. 마이클 포스너는 이 분야에서 시행된 여러 연구결과를 [그림 6-1]의 그래프처럼 아주 단순하게 요약했다.

이 그래프에 따르면, 과제 수행능력은 항상 곡선의 한 지점에 위치한다. 가령 아침 식탁에서 과제 A가 신문을 읽는 것이고 과제 B가 배우자와 대화를 나누는 것이라면, 신문기사에 집중하고 배우자를 무시한다고 가정해보자.(집에서는 이런 실험을 하지 마라.) 과제 A의 수행능력이 100퍼센트라면 (이론상) 과제 B의 수행능력은 0퍼센트가 된다. 배우자의 말에 건성으로라도 반응을 보이기 시작하면 곡선을 따라 위로 올라간다. 과제 B의 수행능력이 0에서 급격히 상승하면서 신문을 읽는 속도가 느려지고 이해하기 어려운 문장은 다시 읽어야 한다. 과제 A의 수행능력이 떨어지기 시작하는 것이다. 신문을 내려놓고 온통 배우자에게만 주의를 집중하면 과제 B의 수행능력은 100퍼센트가 되고 과제 A의 수행능력은 0퍼센트가 된다.

그래프를 보면 과제 A의 수행능력이 90퍼센트일 때 과제 B의 수행능력은 대략 44퍼센트가 된다. 따라서 우리의 작업기억 용량은 두 과제를 순차적으로 수행하는 경우에 발휘하는 작업기억 용

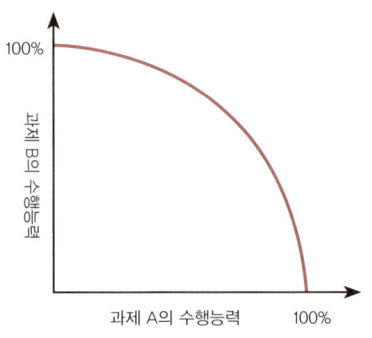

| 그림 6-1 | 멀티태스킹 과제 수행능력 (자료 : 마이클 포스너, 1978년)

116

량의 134퍼센트로 갑자기 치솟는다. 이런 현상이 벌어지는 이유 중 하나는, 두 과제 사이를 빠르게 전환하면서 일정정도 정확성을 희생하기 때문이다.

우리가 고려해야 하는 다른 요소는, 작업기억 용량의 100퍼센트가 아닌 90퍼센트로 과제를 수행할 때 우리가 지불해야 하는 대가다. 커피에 우유를 넣을 것인지 묻는 말에 엉뚱한 대답을 하거나, 신문기사의 문장을 다시 읽어야 하는 정도의 대가라면 크게 문제가 되지 않는다. 또한 여러 개의 공을 가지고 저글링을 하다가 공을 떨어뜨렸다면 다시 주우면 그만이다. 하지만 공을 다시 줍는 것 같은 기회가 없는 중대한 의사결정을 내려야 하는 경우도 있다. 가령 조간신문의 헤드라인을 읽으면서 자신의 연금저축을 어디에 투자할지 결정한다거나, 이메일을 읽으면서 구직 면접을 하지는 않을 것이다.

멀티태스킹에 관한 논의에서는 다음과 같은 두 가지 주장을 흔히 들을 수 있다. 멀티태스킹 능력은 여성이 남성보다 낮다는 주장과, 이는 좌우 대뇌반구가 여성의 경우 더 치밀하게 연결되어 있기 때문이라는 주장이 그것이다. "여성의 두뇌는 광대역 통신망 같다"는 말이 생길 정도가 되어버렸다.

하지만 남녀 간의 차이를 체계적으로 연구한 자료에서 이를 뒷받침할 만한 근거는 찾을 수 없다. 휴스턴대학교의 메릴 히스콕(Merrill Hiscock) 교수가 시행한 인터뷰에서는 112회의 실험 가운데 단 4회(2회는 남성, 2회는 여성)에서만 멀티태스킹 간섭의 일반적 차이에 대한 증거가 발견되었다. 남녀 간에 뇌량(corpus callosum)의 모양과 두께에 차이가 있는 것은 사실이다.(뇌량은 좌우 대뇌 반구를 연결하는 신경섬유 다발이다.) 하지만 이런 차이가 멀티태스킹 능력에 어떤 기능적인 영향을 미치는지에 대해서는 밝혀진 바가 없다. 따라서 여성의 멀티태스킹 능력이 남성보다 더 뛰어나다는 생각은 아직까지는 속설에 불과하다.

운전 중 휴대전화 사용

청소나 대화, 운전 같은 일상적인 활동은 매순간 편차가 크기 때문에 연구하기가 쉽지 않다. 끝없이 곧게 뻗은 고속도로를 따라 자동차를 운전하는 일은, 복잡한 도심에서 길을 찾으며 운전하는 일에 비해 의사결정이 덜 필요하다. 대화는 수동적으로 듣기만 할 때도 있지만, 인지적으로 까다로운 논의를 수반하는 경우도 있다. 따라서 운전 중 멀티태스킹을 연구하는 한 가지 방법은, 과제를 시뮬레이션할 수 있고 운전자에게 동시에 수행할 특정한 인지 과제를 줄 수 있는 실험실에서 시행하는 것이다.

운전 중 멀티태스킹에 관한 한 실험에서는 라디오나 오디오북을 듣는다고 해서 운전 능력이 떨어지지 않았다. 하지만 토론처럼 인지적으로 까다로운 과제는 운전 능력을 떨어뜨렸고, 피험자가 신호등을 자주 놓쳤으며 반응시간 또한 느려졌다. 사실 휴대전화 사용이 운전 능력에 미치는 영향은 혈중알코올농도가 법정한도를 초과한 상태에서 운전하는 것만큼이나 심각하다. 미국 인간공학회(HFES)*의 추산에 따르면, 매년 미국에서 운전 중 휴대전화 사용으로 인한 교통사고 사망자가 2,600명, 부상자가 33만명에 이른다.

멀티태스킹에 관한 또다른 연구에서는 멀티태스킹이 작업기억과 구체적으로 어떤 연관이 있는지 알아보았다. 연구팀은 사브 9000**을 기반으로 제작된 자동차 시뮬레이터를 이용했다. 고속도로에서 운전하는 상황을 연출하기 위해 자동차 앞유리 자리에 프로젝터 화면을 설치했다. 피험자에게 주어진 과제는 앞차와 안전거리를 유지하고 달리다가 앞차가 브레이크를 밟으면 따라서 브레이크를 밟는 것이다.

처음에는 다른 동시과제가 전혀 없이 진행되었다. 그런 다음, 피험자에게 읽어주는 단어를 기억해 암기하면서 운전하도록 해서 피험자의 멀티태스킹 능력을 시험했다. 그러자 운전에만 집중할 때보다 반응시간이 0.5초 느려졌다. 작업기억 능력이 떨어지는 60세 이상의 피험자한테서는 훨씬 더 심각한 문제가 발견되었는데, 작업기억에 대한 부하가 높은 탓인지 반응시간이 약 1.5초 느려졌다.

멀티태스킹 능력의 한계는 작업기억과 어느 정도 상관관계가

• Human Factors and Ergonomics Society
•• 사브(Saab)는 스웨덴의 자동차회사 스카니아(Scania)가 만드는 자동차 모델 중 하나다.

있다. 이러한 한계를 유발하는 뇌구조에 대해서는 다음 장에서 살펴보기로 하고, 여기서는 먼저 멀티태스킹과 매우 유사한 산만한 상황에서 과제를 수행하는 것에 대해 알아보자.

칵테일파티 효과와 방해요소

린다가 오픈플랜 사무실에서 보고서를 읽으면서 옆자리 동료의 전화 통화를 엿듣고자 한다면 린다는 사실상 멀티태스킹을 하고 있는 것이다. 그 대신 보고서에만 집중하기로 마음먹고 옆자리 동료의 전화 통화를 비롯한 주변의 방해요소를 차단하려고 한다면, 이제는 산만한 상황이 발생한 것이다. 이제 동료의 전화 통화처럼 자신의 업무와 무관한 모든 정보는 린다가 애써 무시해야 하는 방해요소가 되었다.

작업기억 요구와 방해요소 간의 균형은 여러 실험의 대상이 되었고, 그중에서도 특히 영국의 심리학자 닐리 라비(Nilli Lavie)와 잔 드 포커트(Jan de Fockert)가 시행한 실험이 유명하다. 이들은 사람들이 작업기억에 부하를 가하는, 따라서 지적능력에 큰 부담을 주는 과제를 수행할 때 보다 쉽게 주의가 산만해진다는 사실을 입증했다. 또한 산만함의 정도는 방해요소를 부호화하는 두뇌영역의 활동수준과 상관관계가 있음을 입증했다.

오리건대학교의 에드워드 보겔(Edward Vogel) 교수가 이끄는 연구팀이 시행한 연구에서도 비슷한 결론이 도출되었다. 이들은 작업기억 용량이 많은 사람들이 방해요소를 무시하는 데 더 뛰어나다는 점을 입증했다. 이들은 작업기억의 정보 부하에 따라 두정엽의 전기적 활동이 어떻게 변하는지 측정했다. 연구결과 그들은 작업기억 용량이 적은 사람들은 관련성이 높은 정보와 관련성이 낮은 정보를 구분하지 못한다는 사실을 입증할 수 있었다. 다시 말해 작업기억 용량이 적은 사람들은, 작업기억에 방해요소에 관한 정보를 저장함으로써 관련성이 높은 정보가 들어올 공간을 마련해주지 못하는 것이다.

에드워드 보겔 교수의 연구는 이러한 필터링이 과연 어떤 방식으로 제어되는지 궁금증을 자아냈다. 답을 찾기 위해 필자는 동료인 피오나 맥납(Fiona McNab) 박사와 함께 연구에 착수했다. 이 연구에서 피험자들은 제시된 정보에 걸러내야 하는 방해요소가 있는지, 아니면 그들에게 제시된 정보를 모두 기억해야 하는지 알려주는 신호를 작업기억 실험 몇 초 전에 받았다. 이러한 신호는 전전두엽 피질과 대뇌 깊숙이 위치한 회백질 구조체인 기저핵(basal ganglia)에서 뇌활동의 증가를 유발했다. 이러한 뇌활동을 측정해서 피험자가 나중에 관련성이 없는 정보를 얼마나 잘 걸러내는지를 예측할 수 있었다. 따라서 전전두엽 피질과 기저핵이 작업기억 저장에 대한 접근을 제어할 수 있는 것처럼 보였다. 말하자면 전전두엽 피질과 기저핵이 '두뇌의 스팸메일 필터' 역할을 하는 것이다. 게다가 작업기억 용량이 많은 피험자는 전전두엽 피질과 기저핵의 활성도도 높았다.

주의산만성의 잘 알려진 예는 '칵테일파티 효과'다. 대화를 나누는 사람들 한가운데 있을 때에도 우리는 자신과 이야기를 나누는 상대방에게 주의를 집중할 수 있다. 주의력의 스포트라이트를 대화 상대방에게 집중함으로써 주변의 다른 대화들을 걸러낼 수 있는 것이다. 하지만 뒤에서 누군가가 당신의 이름을 언급하면 그쪽으로 주의를 빼앗길 수밖에 없다. 뒤에서 다른 사람들이 당신에 대해 무슨 이야기를 하는지 궁금해서 주의가 대화 상대방에게서 멀어진다.

이런 현상은 통제주의력과 자극주의력 간의 균형에 대한 예로 볼 수 있다. 통제주의력은 대화 상대방에게 주의를 기울이게 만드는 반면, 자극주의력은 주변의 다른 자극으로 주의를 돌리게 만든다.

최근에 심리학자들은 사람들이 칵테일파티와 유사한 상황에서 행동하는 방식에 차이가 있음을 발견했다. 즉 어떤 사람들은 주변에서 자기 이름이 들리는 것에 개의치 않고 자신의 대화 상대방에게 주의를 집중하는 반면, 3명 중에 1명은 주의가 흐트러졌다. 이런 차이를 만드는 원인은 바로 작업기억이다. 작업기억의 용량이 적을수록 쉽게 주의가 산만해지기 때문이다. 이러한 결과는 또한 우리가 앞서 살펴본 것처럼 주의력 통제를 위해 작업기억이 필요하다는 사실과도 일치한다. 작업기억이 제대로 기능하지 못할 때 주의가 산만해지고 자극주의력이 우리를 지배하게 된다.

이에 관한 또다른 예는, 작업기억 용량이 적은 사람들이 흔히 당장 처리해야 하는 과제에 주의를 기울이지 못하고 '딴생각'을 하느라 더 많은 시간을 보낸다는 사실이다. 이것은 노스캐롤라이나대학교의 마이클 케인(Michael Kane) 연구팀이 시행한 실험에서 입증되었다. 연구진은 피험자들에게 PDA*를 나눠주고 하루에 여덟 번 PDA에서 알람이 울리면 즉시 그들이 하고 있던 일에 관한 설문지를 작성하고 그들이 당장 처리해야 하는 과제에 집중했는지, 아니면 딴생각을 했는지 질문에 답하도록 했다. 실험결과 과제의 지적 난이도가 높아질수록 작업기억 용량이 적은 피험자들이 딴생각을 하는 정도가 심해졌다.

린다가 주변의 방해요소를 차단하는 데 성공할지 여부는 두 가지 요인, 즉 과제의 지적 난이도와 방해요소의 강도에 의해 결정된다. 과제의 난이도는 작업기억에 저장해야 하는 정보의 양과 작업기억의 용량에 의해 결정된다.

린다의 작업기억 용량은 린다의 기분이나 심리상태에 영향을 받을 수도 있다. 밤에 자꾸 보채는 아기 때문에 잠을 설쳤다면 수면부족 때문에 작업기억이 손상될 것이다. 따라서 과제는 더 어렵게 느껴지고 방해요소는 더 강력하게 느껴질 것이다. 게다가 작업기억 부하는 텍스트의 난이도에 의해 결정될 수도 있다. 긴 문장과 어려운 단어가 포함된 텍스트는 집중하기에 더 까다롭기 때문이다.

• Personal Digital Assistant. 휴대용 정보 단말기.

이러한 상황에서 작업기억 능력과 방해요소는 저울의 양쪽에 놓이고, 이때 저울의 균형이 까다로운 작업기억 과제를 성공적으로 수행할 가능성을 결정한다. 주변에 방해요소가 많으면 과제를 제대로 수행하기 위해 많은 작업기억 용량이 필요하다. 작업기억에 정보가 많을수록 주의가 산만해질 가능성이 높다. 따라서 현대 정보화사회와 관련된 높은 수준의 방해요소는 우리의 작업기억에 많은 부담을 준다.

휴대전화는 멋진 문명의 이기지만 우리를 하루 종일 과제와 무관한 말을 애써 무시해야 하는 '칵테일파티 상황'에 빠뜨리는 주범이기도 하다. 또다른 예로 오픈플랜 사무실은 직원 간에 커뮤니케이션을 향상시키는 장점이 있기는 하지만, 사무실 구조상 유발되는 방해요소는 작업기억의 부담을 가중시킨다.

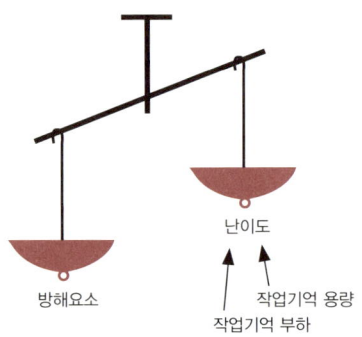

| 그림 6-2 | **방해요소와 작업기억 용량, 작업기억 부하 사이의 상호작용**

멀티태스킹을 할 때 두뇌에서 벌어지는 일

동시에 두 가지 일을 잘하는지 못하는지는 두뇌가 조직되는 방식의 차이 때문일까? 심리학계에서는 지금까지 멀티태스킹이 별도의 기능을 요구한다고 간주해왔다. 이 별도의 기능은 때때로 '중앙관리자'라고 부르는데, 심리학자 앨런 배들리는 작업기억을 조율하는 요소로 중앙관리자가 있다고 말했다. 하지만 두뇌에서 중앙관리자를 찾는 일이 가능할까? 몇몇 과학자들은 그렇다고 주장한다. 마크 데스포지토가 이끄는 연구팀은 피험자가 과제를 순차적으로 수행할 때와 동시에 수행할 때의 뇌활동을 측정했다. 측정 결과, 두 과제를 동시에 수행할 때만 활성화되고 한 번에 하나씩 순차적으로 과제를 수행할 때는 활성화되지 않는 영역(전두엽 부위를 포함해)이 있었다. 연구팀은 이 영역이 두뇌의 다른 영역에서 일어나는 활동을 조율하고 관리하는 별도의 모듈인 중앙관리자라고 결론지었다.

하지만 중앙관리자라는 용어는 두뇌 안에 작은 사람이 들어앉아서 이것저것 지시하는 이미지를 떠올리게 한다는 이유로 비난을 받았다. 실제로 작은 사람이 두뇌 안에 들어앉아 있다면, 그가 동시에 두 가지 일을 할 때 그의 두뇌활동은 누가 지시할까?

두 가지 과제가 항상 동시에 실행가능하지는 않은 이유에 대한 대안적 가설은, 두 가지 과제가 동일한 뇌영역에 접근하기를 요구한다는 것이다. 과제 수행은 단 하나의 두뇌영역에만 연결짓기 어렵고 여러 영역의 네트워크에 연결되어 있다. 그렇다면 동시에 같은 영역에 접근하기를 요구하는 A와 B라는 두 가지 네트워크가 있다고 가정해보자. 이것은 충돌을 야기할 것이다. 네트워크 A와 B가 번갈아 활성화된다면 두 영역 모두 완전하게 접근하기는 어렵고, 두 네트워크가 동시에 활성화된다면 중첩되는 영역에서 서로를 간섭하기 때문에 효율성이 떨어질 것이다. 이런 경우 우리는 해당 영역의 용량이 '초과되었다'고 표현할 수 있겠다.

멀티태스킹과 작업기억 간의 상관관계에 관한 두 가지 가설이 있다. 첫 번째 가설은 멀티태스킹이 관련된 두 네트워크에서 활동을 조율하는 별도의 우수한 '중앙처리센터'를 필요로 한다는 것이다. 두 과제를 동시에 수행하는 능력이 과제 하나를 수행할 때보다 떨어지는 이유를 설명하기 위해서는, 이 센터가 조율 임무를 완벽하게 수행하지 않는다는 또다른 가정이 필요하다. 두 번째 가설은 두 과제가 동시에 같은 대뇌피질 영역을 이용해야 하기 때문에 서로를 '간섭'한다는 것이다.(오버랩 가설) 그렇다면 이러한 간섭의 원인은 작업기억을 처리하는 동일한 두뇌 시스템에 있다.

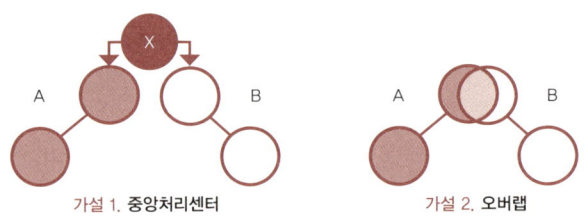

가설 1. 중앙처리센터   가설 2. 오버랩

| 그림 6-3 | 두뇌가 동시수행 과제를 처리하는 방식에 관한 두 가지 가설

126

이 가설들을 시험하기 위해 필자의 연구팀이 시행한 실험에서는, 피험자가 시각적 작업기억 과제와 청각적 작업기억 과제 중한 가지를 수행하거나 두 가지 과제를 동시에 수행하게 했다. 그리고 피험자 두뇌의 혈류를 측정해서 위의 두 가지 가설 중 어느하나를 입증할 수 있는지 결과를 찾아보았다. 그 결과 두 가지 과제를 동시에 수행할 때만 활성화되는 별도의 두뇌영역은 발견하지 못했다. 그러나 두 번째 가설을 뒷받침하는 두 네트워크 간의오버랩은 존재했다. 또다른 연구에서 우리는 두 과제에 대한 뇌활동이 더 많이 오버랩될수록 서로에 대한 간섭이 더 심해진다는 사실도 밝혀냈다.

심리학자들이 즐겨 사용하는 복잡한 동시수행 과제가 있다. 이과제는 독해력 시험의 성취도와 성공 간에 매우 높은 상관관계가있음을 보여준다. 이 과제에서 피험자는 일련의 문장을 듣고 참인지 거짓인지 답해야 한다. 피험자는 또한 각 문장의 두 번째 단어를 기억해서 실험이 끝난 후 말할 수 있어야 한다. 가령 다음과 같은 문장을 듣는다고 가정해보자.

- 개는 수영할 수 있다.
- 개구리는 귀가 있다.
- 비행기는 공기보다 가볍다.
- 팔은 무릎이 있다.
- 새는 날 수 있다.

첫 번째 문장에 대해 참이라고 답하고 작업기억에 '수영'이라는 단어를 보유한다. 그리고 나서 두 번째 문장에 대해 거짓이라고 답하고 '수영'과 '귀'라는 단어를 작업기억에 보유하는 식이다. 작업기억에 5개의 단어를 보유하고 여섯 번째 문장에 답하려고 하면 벌써 작업기억에 부담을 느끼기 시작한다.

필자가 스탠퍼드대학교의 실비아 번지(Silvia Bunge), 존 가브리엘리(John Gabrieli)와 함께 시행한 연구에서 피험자가 이러한 동시과제를 수행하는 동안 뇌활동을 측정해본 결과, 피험자가 문장에 대해 답하거나 단어를 기억할 때 활성화되는 영역과 동시에 활성화되는 별도의 영역은 없었다. 동시과제를 수행하는 동안 전두엽이 더 많이 활성화되기는 했지만, 개별 과제 중 하나를 수행하는 동안 활성화되지 않는 뇌영역은 추가로 관찰되지 않았다.

따라서 우리의 동시과제 실험은 첫 번째 가설이 틀렸음을 입증했다. 퍼트리샤 골드먼-라키즈를 포함한 예일대학교 연구팀이 내놓은 연구결과도 우리의 연구결과와 마찬가지로 동시과제를 수행하는 별도의 영역은 발견하지 못했다. 하지만 보다 최근에 시행된 연구에서는 과제 A와 과제 B의 정보를 작업기억에 보유하면서 변칙적이고 예측불가능한 방식으로 두 과제 사이의 전환을 요구하는 보다 복잡한 과제를 수행하는 동안 멀티태스킹을 처리하는 두뇌의 특수영역을 찾으려는 노력이 다시 활기를 띠기 시작했다. 아직까지 명확한 결론은 나오지 않았지만, 오버랩이 존재한다는 사실만으로도 별도영역의 개입 여부와 관계없이 두 가지 동시과제가 서로를 간섭하는 이유를 설명하기에는 충분하다.

따라서 멀티태스킹 능력은 대개 작업기억에 대한 정보 부하와 관련될 수 있다. 우리는 흔히 한 가지 작업이 걷기처럼 자동적으로 이루어지는 경우 쉽게 멀티태스킹을 할 수 있고, 대부분 이런 일은 작업기억을 이용하는 다른 과제를 수행하면서도 잘한다. 일반적으로 자동적인 활동은 어떠한 전두엽의 활성화도 요구하지 않는다. 하지만 작업기억 과제는 결코 자동적일 수가 없다. 전두엽과 두정엽의 지속적인 활성화를 통해 과제에 포함된 정보를 부호화해야 하기 때문이다. 이것이 두 가지 작업기억 과제를 동시에 수행하기가 어려운 이유일 수 있다.

작업기억의 한계가 곧 멀티태스킹의 한계

대뇌 신피질의 오버랩 영역은 일종의 정보처리 병목지점이 될 수 있다. 결과적으로 멀티태스킹 능력에 가해지는 제약은 일부 뇌영역의 용량한계 때문일 수도 있다. 매우 흥미로운 점은, 멀티태스킹 실험에서 관찰된 전두엽과 두정엽의 오버랩이 작업기억 용량에 중요하다고 밝혀진 영역과 부분적으로 일치한다는 점이다.

여러 심리학 실험을 통해 작업기억 용량이 멀티태스킹 능력과 방해정보 차단 능력에 얼마나 중요한지 살펴보았다. 앞서 우리는 작업기억 능력이 아동기에 어떻게 발달하며, 성인과는 어떤 차이가 있고, 다양한 핵심영역(두정엽내고랑과 전두엽에 있는)에 의해 어떻게 결정되는지 알아보았다. 그리고 동시과제 연구를 통해 이러한 영역이 우리의 멀티태스킹 능력을 제한하는 바로 그 병목지점이라는 것을 알게 되었다.

물론 이번 장에서 다루지 못한 동시과제 상황도 많다. 예를 들어 거의 동시에 발생하는 다른 자극(가령 동시에 울리는 전화벨과 초인종)에 잘 대응하지 못하거나, 두 가지 복잡한 운동과제(가령 저글링을 하면서 달리거나, 배를 문지르면서 머리를 두드리기)를 제대로 수행하지 못하는 이유는 작업기억과는 아무런 상관이 없다.

하지만 대부분 인지적으로 까다로운 과제의 경우 두 가지 별도의 현상(작업기억의 한계와 멀티태스킹 능력의 한계)이 동일한 메커니즘, 즉 두정엽과 전두엽에 있는 오버랩 영역(핵심영역)의 제한된 용량 때문인 것으로 보인다. 많은 경우에 우리의 멀티태스킹 용량과 방해요소를 처리하는 능력은 결국 작업기억 용량으로 귀결될 수 있다. 따라서 우리는 석기시대 두뇌의 병목지점(정보의 홍수를 처리하는 능력을 결정하는 영역) 가운데 일부를 확인한 것이다.

다음 장에서는 뉴런과 fMRI 연구에 대해 보다 심층적으로 살펴보는 대신에, 작업기억 능력이 원래 어떻게 발생하게 되었는지에 관한 다양한 이론을 살펴봄으로써 석기시대 두뇌와 정보의 홍수 문제를 새로운 각도에서 조망하고자 한다. 두뇌의 한계와 잠재력에 대해 논의할 때는 처음에 두뇌의 용량이 발달한 조건을 살펴보는 것이 타당하다. 아마도 가장 확실한 물음은 우리의 정보처리 능력에 한계가 있는 이유가 아니라, 애초에 정보처리 능력이 발달하게 된 이유일 것이다. 오늘날 우리가 살고 있는 디지털정보화사회는 우리가 가진 능력 이상을 요구하지만, 사실 우리가 타고난 두뇌는 유전학적으로 볼 때 4만년 전에 태어난 크로마뇽인의 두뇌와 별 차이가 없다. 이런 사실에서 우리는 무엇을 깨달을 수 있을까?

7장

진화론으로 살펴보는
지능과 작업기억

The Overflowing Brain

1858년 찰스 다윈(Charles Darwin)은 앨프리드 월리스(Alfred R. Wallace)라는 젊은 탐험가로부터 편지를 한 통 받는다. 편지에서 앨프리드 월리스는 말레이시아 군도의 어느 작은 섬에서 말라리아에 걸려 몸져누워 있는 동안 자기 나름대로 발전시켜온 종의 기원에 관한 생각을 찰스 다윈에게 설명했다. 앨프리드 월리스의 생각이 아직 발표하지 않은 자신의 이론과 너무나 비슷해 충격을 받은 찰스 다윈은 자신이 집필한 원고의 출판을 서두르게 되었고, 그 유명한 《종의 기원》*이 바로 다음 해에 출간된다.

　앨프리드 월리스와 찰스 다윈은 몇 년간 진화에 관한 생각을 서로 나누었다. 여러 가지 면에서 그들의 생각은 같았지만, 몇 가

• The origin of species

지 점에서는 의견이 갈렸다. 그중에서도 특히 앨프리드 월리스는 (진화는 종이 생존을 위해 주변환경에 최적으로 적응한 결과라고 보는) 적응성(adaptivity) 이외에는 어떠한 이론도 받아들이지 않았다.

찰스 다윈은 (특정한 종의 형질이 즉각적인 생존가치 때문이 아니라 짝짓기에 유리한 점을 가지고 있기 때문에 강화되는) 성선택(sexual selection) 같은 여러 가지 다른 가능성을 제안했다. 수컷 공작의 화려한 꼬리깃털이 성선택의 대표적인 예다. 수컷 공작의 꼬리깃털은 진화과정을 통해 발달했지만, 날거나 먹이를 먹을 때 어떠한 이점도 제공하지 않기 때문에 서식환경의 적응에 전혀 도움이 되지 않는다. 유일한 이점은 암컷 공작이 화려한 꼬리깃털을 선호하기 때문에 깃털이 화려한 수컷 공작이 경쟁자들보다 더 많은 자손을 낳게 된다는 것이다. 그래서 점점 더 크고 화려한 꼬리깃털 쪽으로 진화가 진행된다.

극단적인 적응성으로 앨프리드 월리스를 당혹스럽게 만든 가장 큰 수수께끼는 인간의 '두뇌'였다. 여러 가지 면에서, 특히 원시사회 원주민들의 두뇌가 당대 유럽의 철학자나 수학자에 비해 결코 열등하지 않다고 믿었다는 점에서 앨프리드 월리스는 시대를 앞선 사람이라고 볼 수 있다. 이런 믿음의 근거로 앨프리드 월리스는 두뇌의 크기를 들었다. 하지만 이런 생각은 원주민들의 단순한 삶과는 어딘지 어울리지 않았다. 진화가 원주민들에게 이렇게 과분한 지적능력을 부여한 이유는 무엇일까? 앨프리드 월리스는 다음과 같이 설명한다.

원주민의 제한적인 지적발달에는 고릴라의 뇌보다 약간 더 큰 정도의 뇌면 충분했을 것이다. 따라서 원주민이 실제로 가지고 있었던 큰 두뇌는 진화의 법칙에 의한 발달이라고 볼 수 없다. 진화의 법칙은, 조직화의 정도는 각 종의 필요에 정확히 비례한다는 것이다.

앨프리드 윌리스는 이러한 모순에 명쾌한 해답을 내놓지 못했고, 결국 신의 개입이라는 설명에 의존해야만 했다. 그는 지구상의 모든 생명체가 자연선택과 적응을 통해 발달한다고 믿었지만, 인간의 두뇌만큼은 신의 작품이라고밖에 달리 설명할 방법이 없었다. 이후 과학자들이 내놓은 여러 가지 대안적 설명은 우리가 종교에 의지하기 전에 먼저 고려해봐야 하는 것들이다.

진화과정에서 작업기억이 발달한 이유

시간과 함께 끊임없이 발생해온 작은 유전적 변화에도 불구하고, 크로마뇽인의 두뇌와 현생인류의 두뇌 사이에는 차이점보다 유사점이 훨씬 더 많다. 뇌의 크기는 4만년 동안 바뀌지 않았고, 어떤 사소한 유전적 변이도 진화의 관점에서 볼 때 비교적 최근에 발생한 기술적, 문화적 발달을 설명할 수 없다. 타고난 인지능력의 원인을 특정환경에 대한 적응에서 찾고자 한다면 까마득히 먼 옛날을 되돌아볼 수밖에 없다.

4만년 전에 일어난 일을 추정하다 보면 필연적으로 논의의 초점이 흐려질 수밖에 없다. 진화에 관한 문헌에서는 작업기억의 진화에 대해 얻을 수 있는 것도 많지 않다. 따라서 논의를 조금 더 확대해서 지능발달의 이론에 관해 (작업기억에 적용가능한 범위에서 이론을 살펴가며) 보다 포괄적으로 이야기하겠다.

인지능력이 발달한 이유에 관한 그럴듯한 추정은 사회적 상호작용을 위해 필요했기 때문이라는 것이다. 찰스 다윈조차도 인간의 지능이 집단생활에 대한 적응의 결과로 발달했다고 제안했다.

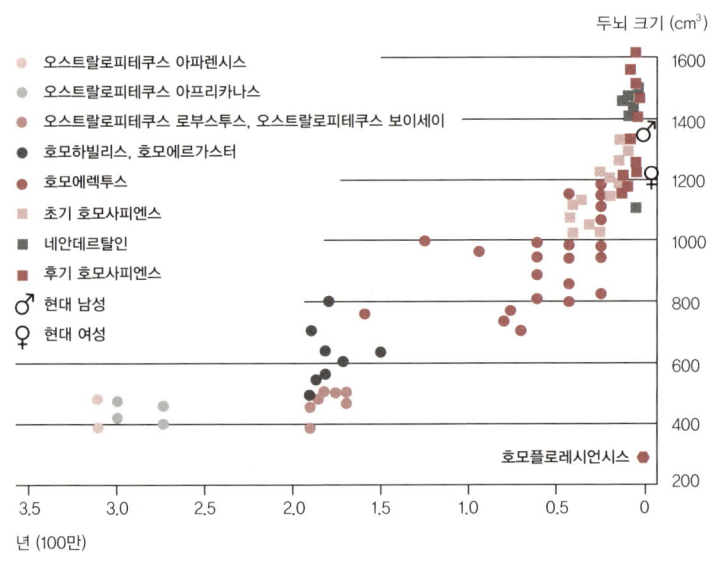

| 그림 7-1 | 원시인류와 현생인류의 두뇌 크기 (자료 : 로빈 던바, 1996년)

리버풀대학교의 진화심리학자 로빈 던바(Robin Dunbar) 교수 역시 영장류의 전체 뇌에서 대뇌피질이 차지하는 비율은 자연적으로 형성된 집단의 크기에 비례한다는 사실을 입증했다. 이 법칙이 인간에게도 적용된다면 자연적인 사회집단의 규모는 150명 정도이고, 이는 수렵과 채집을 하던 시대의 집단인 씨족의 규모에 대한 일부 추정과도 일치하는 것처럼 보인다. 비록 당시에는 대부분 더 작은 규모의 무리로 생활하기는 했지만 말이다.

하지만 작업기억이 사회적 상호작용을 위해 정확히 어떻게 필요한 것일까? 아마도 작업기억은 다른 사람과 자신의 관심사 간의 상호작용을 이해하는 데 편리했을 것이다. 아니면 단순히 집단 내의 다른 사람으로부터 식량이나 배우자를 훔치는 데 편리했을지도 모른다. 그러려면 매우 복잡한 심리게임처럼 상대방의 생각을 꿰뚫어볼 수 있어야 하니까 말이다. 세인트앤드루스대학교의 심리학자 리처드 번(Richard Byrne)과 앤드루 화이튼(Andrew Whiten) 교수는 대뇌발달에서 사회적 게임의 역할에 관한 이론을 개발했고, 권모술수를 통한 지배기술을 가르친 이탈리아의 저술가이자 정치가인 니콜로 마키아벨리(Niccolò Machiavelli)의 이름을 빌려 '마키아벨리적 지능'(Machiavellian intelligence)이라는 신조어를 만들어냈다. 이런 지능을 가진 사람은 체스 선수가 게임이 수반하는 모든 계획과 예측을 머릿속에 담아두고 체스판을 바라보는 것처럼 자신의 사회환경을 바라본다.

지능과 작업기억의 발달을 설명할 수 있는 또다른 근거는 언어의 발달이다. 언어는 우리가 표현하고자 하는 것이 무엇이든 간에 상징적 표현을 요구한다. 또한 그것을 이해하기 위해서는 문장의 여러 구성요소를 조합할 수 있어야 한다. 그렇다면 작업기억 용량이 독해능력과 밀접한 상관성을 갖는다는 사실은 그렇게 크게 놀랄 만한 일이 아닐 것이다. 약 4만년 전에 기술혁명을 낳은 것은 다름 아닌 언어의 발달이었을 것이다. 이러한 혁명의 절정에서 크로마뇽 동굴벽화가 탄생했고, 갈고리와 미늘작살 같은 보다 진보한 도구가 발명되었으며, 이후 구상주의적 인공물이 등장하게 되었다.

초기인류는 언어를 통해 이전에는 불가능했던 방식으로 계획하고 협력하고 지식을 전달할 수 있었다. 또한 그들이 만들어낸 보다 복잡한 환경은 보다 복잡한 언어체계를 요구했다. 인류학자 터렌스 디콘(Terrence Deacon)은 그의 저서 《상징적 종》*에서 언어는 피드백이라는 과정을 통해 기술과 문화와 함께 진화했다고 주장했다.

반면에 로빈 던바는 언어발달이 사회환경과 대규모 공동체의 발달과 궤를 같이해 진행된 방식에 주목했다. 집단생활은 친목이 유지되어야 한다. 침팬지 군집에서는 서로의 몸에 기생하는 벼룩을 잡아줌으로써 친목을 유지할 수 있다. 하지만 집단의 규모가 일정수준을 넘어가면 더이상 털 손질은 선택가능한 옵션이 아

• The symbolic species

니다. 로빈 던바는 언어, 좀더 엄밀히 말하면 '수다'가 과거 서로의 몸에서 벼룩을 잡아주던 기능을 대신하게 되었고, 결국 사회적 유대강화가 언어의 1차적인 목적이 되었다고 본다. 게다가 언어를 발전시키고 가꾸어나가기 위해 필요한 머릿수를 얻기 위해서는 대규모 집단이 필요하다. 따라서 언어는 대규모 공동체생활의 결과이자 필수조건이었다.

지능발달의 이유에 대한 좀더 이례적인 설명은 성선택이다. 수컷 공작의 화려하지만 실용성은 전혀 없는 꼬리깃털처럼, 어떤 생존가치를 갖기보다 이성에게 잘 보이기 위한 필요에서 지능이 진화했다고 보는 것이다. 이는 뉴멕시코대학교의 진화심리학자 제프리 밀러(Geoffrey Miller) 교수가 주창한 이론이다. 그는 춤이나 음악, 미술처럼 분명한 생존가치가 없는 활동들은 이성에게 자신의 지능과 유전적 우월성을 과시하기 위해 발달했다고 주장한다. 제프리 밀러는 많은 젊은이가 스타가 되기를 열망하는 이유 또한 이러한 진화론적 배경 때문이라고 추정한다.

진화적 부산물로 탄생한 지능

초기인류가 살아온 방식에 관한 여러 가설을 바탕으로 지적능력을 이해하려는 노력은 우리의 상상력을 자극한다. 최근에 스티븐 핑커(Steven Pinker)**의 저서가 인기를 끌면서 진화심리학이 덩달

아 많은 인기를 누리고 있는데, 이러한 이론은 입증하거나 반증하기가 사실상 불가능하다는 것이 문제다. 현재 우리가 선사시대 사회에 대해 알고 있는 지식은 당시 유물로 추정되는 돌과 뼈에서 얻은 것이 거의 전부다. 그들이 어떻게 말하고 생각하고 공동체를 조직했는지에 대해서는 전혀 모른다.

물론 우리가 알고자 하는 바를 설명하기 위해 여러 가지 가정을 해볼 수는 있지만, 가정은 어디까지나 가정일 뿐이다. 물론 작업기억이 필요한 문제가 되도록 사회적 게임을 만들 수는 있다. 하지만 20만년 전, 혹은 4만년 전의 사회적 복잡성을 어떻게 정량화할 수 있겠는가? 언어적 커뮤니케이션은 작업기억을 요구하는데, 후기 구석기시대에 말이 과연 얼마나 복잡했을까?

고생물학자이자 진화이론가인 스티븐 제이 굴드(Stephen Jay Gould)는 진화심리학을 신랄하게 비판했다. 그는 진화심리학 이론이 인간발달의 모든 측면을 설명할 수는 있지만, 그러려면 자의적인 가정을 남발해야만 한다고 주장했다. 하지만 스티븐 제이 굴드가 보기에 진화심리학의 가장 큰 문제는 적응에 대한 완고한 믿음, 즉 우리의 모든 타고난 능력이 인류의 초기에 특정한 요구에 최적화된 적응을 위해 만들어진 도구의 집합이라는 가정을 바탕으로 한다는 점이다. 바로 이러한 점 때문에 앨프리드 월리스는 모순에 빠질 수밖에 없었다. 스티븐 제이 굴드에 따르면 이것은

•• 하버드대학교의 언어학자이자 진화심리학자. 대중과학 서적을 다수 집필했다.

논리적 오류다. 찰스 다윈조차 적응이 종의 진화를 이끄는 유일한 메커니즘이라고 제안하지 않았다.

성선택을 통한 진화는 오로지 적응을 통해서만 진화가 이루어졌다는 이론에 대한 대안이다. 스티븐 제이 굴드는 또한 한 기관이 진화의 한 단계에서 특정기능을 수행하다가, 다른 단계에서는 다른 목적으로 사용될 수 있는 가능성을 제기한다. 인체 또한 '진화적 부산물'로 가득하다. 이런 부산물은 처음에는 별다른 기능이 없었거나 유지하는 데 많은 비용이 들지 않았을지도 모른다. 가령 유전적 돌연변이는 흔히 하나가 아니라 몇 가지 변화를 야기한다. 이러한 변화 중에 하나가 생존가치를 가지고 있고 나머지는 그렇지 않다 하더라도, 모든 변화가 단순히 동일한 돌연변이와 관련되어 있다는 이유만으로 계속 유지될 수도 있다.

스티븐 제이 굴드는 발달과 진화적 부산물의 예로 여러 가지를 제시한다. 남성의 젖꼭지나 판다의 엄지손가락도 그중 하나다. 판다의 엄지손가락은 판다의 손에 있는 작은 뼈로, 방사형 종자골(radial sesamoid)이라고 부른다. 인체에도 완두콩보다 작은 뼈가 있는데, 판다의 경우에는 이것이 나뭇잎이나 죽순을 벗길 때 사용할 수 있는 별도의 엄지손가락처럼 발달했다. 판다는 손에 있는 것보다는 짧지만 발에도 종자골이 있는데, 이 뼈는 아무런 기능도 하지 않는다. 동일한 유전적 돌연변이가 손과 발에 종자골 발생을 유발했다는 점에서 두 뼈의 유전은 서로 연관되어 있을 가능성이 높다. 이러한 돌연변이 가운데 하나(손에 있는 뼈)는 기능을 했고, 이 때문에 두 돌연변이가 모두 보존된 것이다. 다른 하나(발에 있는 뼈)는 아무런 기능도 하지 않는 돌연변이, 즉 진화적 부산물인 것이다.

따라서 각 기관이 특정기능을 수행하도록 완벽하게 발달한다고 가정하고 인간의 진화사에서 이러한 기능을 찾는 것은 잘못된 일이다. 스티븐 제이 굴드의 주장에 따르면, 인체는 적응성과 관련이 없는 현상들로 가득하다. 그중에서도 특히 두뇌가 대표적인 사례다. 읽기를 담당하는 고도로 분화된 대뇌피질 영역을 예로 들어보면, 이 영역은 우리 환경 중 존재하는 텍스트에 최적으로 적응한 결과 진화했다고 보기 어렵다.

두뇌의 경우 유전적 돌연변이가 대뇌피질의 몇몇 영역을 과도하게 발달시켰을 가능성이 있다. 이러한 영역 중 하나가 진화과정 중에 더 큰 생존가치를 제공했고, 그 결과 변화가 보존되었을 것이다. 동일한 유전적 돌연변이의 영향을 받은 나머지 영역은 수천 년 후에도 유용한 기능을 하지 못하고 있을 수도 있다.

진화이론에 대한 스티븐 제이 굴드의 비판은 필자를 포함해 많은 이들이 가지고 있는 과학적 회의론에 어필한다. 두뇌가 부산물로 가득 차 있다는 생각은 또한, 두뇌가 상상도 못할 가능성으로 가득 차 있음을 암시한다.

이제 내용을 정리해보자. 진화심리학 이론은 우리의 지능과 작업기억의 발달이 사회환경과 언어, 복잡한 문화의 발달 때문이라고 본다. 다른 이론은 성선택이나 부산물주의(by-productism)에서 원인을 찾는다. 물론 이외에도 다양한 이론을 접목할 수 있다.

진화가 상징적 표현을 작업기억에 보유하고 조작할 수 있는 두뇌영역을 우리에게 제공했을 수도 있다. 이 영역은 우리에게 언어를 습득하고 사회적 상황에 대처할 수 있는 잠재력을 부여했다는 점에서 한때 생존가치를 가지고 있었을 수 있다. 하지만 이 영역이 다중양식이라면, 그래서 언어적 표현이건 시각적 표현이건 관계없이 작업기억에 상징적 표현을 보유할 수 있다면, 우리는 먹잇감을 잡을 새로운 덫을 고안하거나 수천년이 지난 지금 미분방정식이나 레이븐스 매트릭스를 풀기 위해 동일한 영역을 사용할 수 있을 것이다.

엄격한 적응주의 진화의 관점을 채택해 작업기억을 4만년 전 인류가 살던 환경의 특정한 요구에 유전적으로 적응한 도구로 바라본다면, 오늘날 우리가 직면한 환경이 훨씬 더 복잡하고 까다롭고 그 복잡성이 점점 더 심해진다는 점에서 모순이 생긴다. 이는 석기시대 두뇌가 정보의 홍수를 만날 때 벌어지는 일에 대한 의문에 앨프리드 월리스의 모순을 적용한 것이다. 이 모순을 벗어나는 한 가지 방법은 우리의 지적능력이 부산물이나 성선택을 통해 발달했고, 그래서 발달의 초기단계에 우리에게 과도한 능력을 부여했다고 가정하는 것이다.

예상치 못한 변수가 될 수 있는 또다른 가능성은 두뇌가소성이다. 일반적으로 말해 우리는 크로마뇽인과 거의 다를 바가 없다. 하지만 우리의 두뇌용량 중에 얼마만큼이 선천적이고 얼마만큼이

후천적일까? 우리는 어느 정도로 완성된 도구를 가지고 태어나고, 태어난 후에는 이 도구가 얼마만큼 발달할까?

8장

다시 그리는
뇌지도

The Overflowing Brain

앞서 우리는 작업기억 용량을 담당하는 여러 가지 잠재적 핵심영역을 식별하고 이러한 영역들을 뇌지도에 표시했다. 새로운 뇌영상 촬영기술의 발달과 함께 1990년대 폭발적인 인기를 누린 인지신경과학은 대체로 여러 두뇌영역에 각각의 기능을 부여하는 뇌지도 작성에 역량을 집중해왔다. 때로는 비평가들이 인지신경과학을 현대의 골상학(phrenology) 정도로 치부하면서 그 가치를 폄하한다. 골상학자들은 두개골의 형상을 보고 인간의 특성을 단정지은 19세기 사이비 과학자들이었다. 골상학은 비과학적이었을 뿐만 아니라 20세기 초반 인종차별적 생물학의 근거로 사용되기도 했다.

그러나 인지신경과학을 골상학과 연관짓는 것은 지나치게 단순한 면이 있다. 20세기의 위대한 신경과학자 중 한 명인 버넌 마운트캐슬(Vernon Mountcastle)은 직접 뇌영상을 촬영하지는 않았지만 골상학의 옹호론자였다. 그의 주장에 따르면 골상학에는 두 가지 가정이 있다. 여러 지적기능은 두뇌의 다양한 영역과 연관되어 있다는 가정과, 이러한 영역의 기능은 두개골의 형상으로 드러난다는 가정이 그것이다. 두 번째 가정은 순전히 엉터리지만, 첫 번째 가정은 옳은 것으로 입증되었고 이론적으로도 중요한 의의가 있다.

기능의 국지성을 입증한 최초의 연구는 프랑스의 의사이자 신경학자인 폴 브로카(Paul Broca)에 의해 시행되었다. 폴 브로카는 갑자기 실어증에 걸린 환자를 맡게 되었고, 환자가 사망하자 뇌를 검사해 좌측 전두엽에서 병변을 발견했다. 특정기능과 뇌영역 간의 연관이 입증된 최초의 발견이었다.

1900년대 초 독일의 신경학자 코비니안 브로드만(Korbinian Brodmann)은 세포구조의 국지적 차이를 설명하고 52개의 영역으로 나눈 최초의 뇌지도를 작성해 오늘날까지도 사용되는 명명법을 개발했다.

PET나 fMRI 등의 기술은 기능성 단층촬영 분야에서 큰 발전을 가져왔다. 과학자들은 또한 '한 영역, 한 기능'이라는 단순한 개념에서 탈피했다. 그 대신 각 기능이 여러 영역으로 이루어진 네트워크와 연관되고 동일한 영역이 여러 네트워크에 관여할 수 있는 것으로 추정된다. 그럼에도 불구하고 지도는 고정불변이라는 관념이 여전하다. 이러한 생각에는 지도는 산과 강처럼 불변의 것들을 표시한다는 일종의 고정관념이 내재되어 있다. 이 지도가 변할수 있는 정도에 연구의 초점이 맞추어진 것은 최근의 일이다.

뇌지도는 어떻게 다시 그려지는가?

뇌가 변할 수 있다는 것은 전혀 새로운 사실이 아니다. 어떤 초등학생이 수요일에 학교에서 배운 '종자식물'이라는 단어를 이해하지 못하다가 방과 후에 공부해서 목요일에는 그 단어의 정확한 의미를 알게 되었다면, 이 학생의 두뇌는 하루 만에 조금이나마 변화를 겪은 것이다. 커닝페이퍼 말고 정보를 저장할 수 있는 공간은 결국 두뇌밖에 없기 때문이다. 따라서 두뇌가 언제 어디서 어떤 변화를 겪는지 알아보는 일은 흥미롭다.

앞서 언급한 것처럼 뇌기능 지도가 다시 그려지는 방식에 대한 우리 지식은 대부분 두뇌가 정보입력을 박탈당하는 상황에서 얻은 것이다. 어떤 사람이 신체의 일부를 상실해서 두뇌의 감각영역이 더이상 해당 정보를 받지 못하면 주변영역이 이 영역을 잠식하기 시작한다. 가령 집게손가락에서 대뇌 신피질의 해당 영역으로 신호가 전달되지 않으면 이 영역은 위축되기 시작하고 가운뎃손가락에서 신호를 받는 주변영역이 확장되기 시작한다.

이는 단순히 뉴런이 위치를 이동하는 문제가 아니다. 두뇌의 특정부위에서 뉴런이 새롭게 형성될 수는 있지만, 신피질영역에서 특정기능을 하는지에 대해서는 아직 입증된 바가 없다. 가장 먼저 작은 돌기가 생겨나기도 하고 어떤 돌기는 없어지기도 하면서 뉴런의 구조가 변한다. 이러한 돌기에는 인접세포와 접촉을 매개하는 시냅스가 붙는다. 돌기와 시냅스의 변화는 세포 기능에 변화를 일으킨다. 두뇌의 전체적인 모습을 보면 원래 집게손가락에서 감각자극을 받던 영역의 일부가 이제는 가운뎃손가락의 감각입력에 의해 활성화됨을 알 수 있다. 뇌지도가 다시 그려진 것이다.

시각장애인이 점자를 읽을 때 시각 담당 피질이 활성화되는 것도 이와 동일한 메커니즘인 것으로 추정된다. 하지만 시각장애인이 점자를 읽을 때 시각피질이 활성화된다고 해서 시각장애인이 이 영역을 이용해 감각정보를 분석하는 것은 아니다. 이러한 상황에서 시각피질의 역할에 대해서는 완벽하게 알려지지 않았다. 시각장애인의 시각피질은 무의식적인 시각화 과정을 통해 활성화되는 것으로 추정된다.

한 가지 근원적인 의문은 "두뇌의 여러 영역이 실제로 얼마나 변화할 수 있는가?" 하는 것이다. 두뇌의 영역은 태어날 때부터 특정한 과제를 수행하도록 프로그래밍되어 있는가? 아니면 영역이 받는 자극에 의해 기능이 결정되는가? 기능이 유전에 의해 결정되는가, 환경에 의해 결정되는가?

이러한 논의에 기여하는 한 가지 흥미로운 발견이 미국 매사추세츠공과대학교(MIT)의 므리강카 수르(Mriganka Sur) 교수 연구팀에 의해 이루어졌다. 연구팀은 시각자극을 전달하는 신경을 시각영역이 아니라 청각영역에 신호를 전달하도록 실험실 동물의 뇌에 이식했다. 그러자 청각영역이 재편성되면서 시각영역과 비슷하게 변했다. 연구팀은 또한 실제로 입력신호를 이용하면 동물이 청각피질을 이용해 앞을 볼 수 있게 된다는 사실도 밝혀냈다. 어떤 과학자도 선천적 영향이나 후천적 영향만을 맹신하지는 않지만, 므리강카 수르 교수의 연구결과는 감각자극이 두뇌의 조직화 방식을 결정하는 데 얼마나 중요한지 보여준다. 환경의 중요성을 입증하는 연구결과라고 하겠다.

자극을 반복하면 뇌지도가 변한다

앞의 예는 기능이 사라질 때 뇌에서 정보를 박탈하기 위해 뇌지도가 어떻게 다시 그려지는지 보여준다. 또다른 종류의 변화는 특정기능을 일부러 훈련할 때처럼 강화된 자극에 의해 야기된다. 이런 종류의 가소성에 대한 우리의 이해는 1990년대에 이루어진 연구를 통해 크게 발전했고, 따라서 비교적 최근의 일이다.

이에 대한 예는, 우리가 음의 고저 차이를 인지할 수 있는 능력을 훈련을 통해 키울 수 있다는 것이다. 영장류는 훈련을 통해 2개의 음을 연속으로 듣고 음의 고저가 같은지 여부를 판단해 버튼을 눌러 답할 수 있다. 미국 샌프란시스코 캘리포니아대학교의 그레그 레칸존(Gregg Recanzone)과 마이클 메르제니치(Michael

Merzenich) 교수가 시행한 연구에서, 처음에는 두 음이 큰 차이를 보여야만 원숭이가 음의 차이를 구분할 수 있었지만 수주 동안 수백번 반복해서 훈련하면 점차 성취도가 향상되어 높낮이가 거의 같은 두 음도 구분할 수 있게 된다는 것을 입증했다. 원숭이가 이러한 과제를 수행할 때 1차 청각영역의 어떤 뉴런들이 활성화되는지 조사해보니, 활성화되는 뇌세포의 수가 대조군에 비해 훨씬 더 많고 따라서 피질대응부도 훨씬 더 컸다.

원숭이를 대상으로 손을 이용하는 과제를 훈련시켜서 비슷한 실험이 시행되었다. 원숭이에게 손을 사용하는 단순한 과제를 몇 주 동안 훈련시키면 사용하는 손가락을 담당하는 운동영역이 확장된다는 사실이 밝혀졌다. 이러한 실험결과는 다양한 기능의 국지성을 나타내는 지도가 매우 쉽게 변경될 수 있음을 보여준다.

악기 연습과 저글링 연습

몇몇 연구에서 장기간의 악기 연습에 의해 두뇌가 어떤 영향을 받는지 살펴보았다. 훈련과 관련해서 운동능력의 변화가 관찰되었다. 가령 현악기 연주자의 경우 왼손에서 감각입력을 받는 대뇌피질 영역이 일반인보다 컸다. 카롤린스카연구소의 사라 벵트슨(Sara Bengtsson)과 프레드리크 울렌(Fredrik Ullen)은 피아노 연주자의 경우 운동신호를 전달하는 백질(白質) 경로가 일반인보다 더 발달해 있음을 밝혀냈다. 백질 경로의 확장 정도는 연주 경력에 비례했다.

하지만 악기를 배우는 일은 두뇌에 매우 장기적인 영향을 수반한다. 단기간의 훈련이 인간에게 미치는 영향은 어떨까? 한 연구에서는 피험자들에게 일정한 순서로 손가락 움직임(가령 중지 → 소지 → 약지 → 중지 → 검지)을 배우도록 했다. 처음에는 학습곡선(learning curve)*이 낮고 실수가 잦았다. 하지만 10일간 연습한 후에는 빠르고 정확하게 순서를 재연할 수 있었다. 이런 결과는 근육을 제어하는 영역인 1차 운동피질의 상당한 활동 증가와 일치했다.

인간의 두뇌가소성을 논의할 때 자주 인용되는 또다른 연구는 제1장에서 언급한 저글링에 관한 연구다. 이 연구에서는 단지 3개월의 훈련만으로도 후두엽 부위의 체적이 커진다는 사실이 밝혀졌다. 이러한 결과는, 짧은 기간의 훈련이라도 비교적 정확성이 떨어지는 자기공명 촬영장치로도 측정할 수 있을 만큼 큰 변화를 낳을 수 있다는 사실을 보여준다. 변화가 부분적으로 원상태로 돌아간다는 사실은 또한, 잠깐만 훈련을 중단해도 뇌구조에 영향을 미친다는 점에서 두뇌가소성이 양날의 검과 같다는 것을 보여준다.

• 가로축에 반복된 횟수를, 세로축에 학습 측정도를 나타내 학습과정을 제시하는 곡선.

사용하지 않으면 잃어버린다

저글링이나 악기 연습처럼 훈련을 기반으로 한 두뇌가소성에 대한 연구는 적어도 뇌과학자와 심리학자 들에게는 다소 진부한 표현인 "사용하지 않으면 잃어버린다"는 말을 확인시켜주는 것처럼 보인다. 뇌는 어떻게 사용하는지에 따라 변화하는 것이 사실이지만, 지나친 일반화는 경계해야 한다.

위와 같은 주장을 들을 때 우리가 품어야 하는 첫 번째 의문은 '사용한다'는 말의 정확한 의미가 무엇인가 하는 것이다. 모든 종류의 활동이 동일한 가치를 가질까? 우리의 몸을 예로 들자면, 신체적 활동이 건강에 좋다는 사실은 우리 모두 잘 알고 있다. 뼈가 부러져 깁스를 한 다리는 사용하지 않아 근육이 위축된다는 사실도 마찬가지다. 동시에, 회사에서 일하면서 일상적으로 다리를 사용하는 것과 헬스클럽에서 대퇴근 운동을 하는 것과는 차이가 있다. 그렇다면 두뇌의 경우 효과를 보기 위해서는 어떤 종류의 운동을 어떤 강도로 얼마 동안 해야 할까? 틀림없이 낮은 강도의 일상적인 사용과 집중적인 훈련은 큰 차이가 있을 것이다.

우리가 또한 명심해야 하는 점은 "사용하지 않으면 잃어버린다"는 말은 뇌 전체가 아니라 특정한 기능이나 뇌영역에만 해당된다는 것이다. 음의 고저 차이를 구분하는 연습을 하면 청각영역이 변화하지 전두엽이나 후두엽이 변화하지는 않는다. 다시 한번 운동에 비유할 수 있겠다. 무거운 덤벨을 들고 오른팔을 굽혔다 펴는 운동을 하면 오른팔의 이두근이 커질 것이다. 물론 충분히 무거운 무게와 충분한 횟수로 몇 주 동안 꾸준히 운동을 한다는 전제에서 말이다. 하지만 이 한 가지 운동만으로 '체력을 키운다'든지 '건강에 좋다'고 말하기는 어렵다.

현악기 연주자의 경우에는 현을 다루는 왼손을 담당하는 감각피질이 커지는 것이지 오른손을 담당하는 감각피질까지 커지는 것은 아니다. 저글링을 연습하면 움직임의 시각인식에 관여하는 특정영역만 영향을 받는다.

"사용하지 않으면 잃어버린다"는 말의 일반적인 해석은 "두뇌를 사용해 ~~하는 것이 좋다"는 것이다. 하지만 특정한 활동의 훈련이 두뇌에 영향을 미친다고 해서 두뇌 전체가 운동이 되거나 지적능력이 전반적으로 향상되는 것은 아니다. 특정한 기능은 특정한 영역만을 향상시킨다.

바로 앞 장에서 우리는 석기시대 두뇌가 정보의 홍수에 대처해야 하는 모순에 대한 답을 제시했다. 두뇌는 환경변화와 이로 말미암아 요구가 증가하는 것에 적응할 수 있다. 이번 장에서 살펴본 것처럼, 두뇌가 어떻게 환경에 적응하며 어떻게 훈련에 의해 변화할 수 있는지 보여주는 예는 많다. 이러한 두뇌가소성이 작업기억 용량과 관련된 주요영역을 포함해 전두엽과 두정엽에서도 일어나지 말라는 법은 없다. 따라서 이론적으로는 작업기억을 개발하는 것이 가능하다. 이러한 가소성은 특정한 환경에 적응하기 위해 수동적으로 일어날 수 있지만, 의식적이고 집중적으로 특정기능을 훈련함으로써 개발할 수도 있다.

두뇌를 개발하고자 한다면 기능과 영역을 선택해야 한다. 저글링과 관련된 영역을 강화하는 것은 일상생활에는 별 도움이 되지 않을 것이고, 차라리 일반기능 영역을 집중적으로 강화하는 편이 더 나을 것이다. 전두엽과 두정엽의 특정영역은 다중양식 영역이고, 한 종류의 감각자극과 연관되기보다는 청각과 시각 작업기억 과제에서 모두 활성화된다. 다중양식 영역을 개발하는 편이 가령 청각과 연관된 영역을 개발하는 것보다 더욱 유용할 것이다. 또한 이러한 핵심영역은 정보를 기억하고 문제를 해결하는 우리의 능력을 제한하는 데 일정한 역할을 하는 것으로 보인다.

이 병목지점을 훈련을 통해 강화할 수 있다면 여러 가지 지적기능에 도움이 될 것이다. 하지만 그런 것이 정말 가능할까? 시도를 해본다면 어떤 사람들에게 가장 효과적일까? 일상에서 찾아볼 수 있는 가장 심각한 작업기억 용량 문제는 무엇일까?

9장

ADHD는
존재하는가?

The Overflowing Brain

많은 정보와 동시다발적 상황, 빠른 속도, 여러 가지 방해요소 등을 특징으로 하는 정보화사회의 요구는 우리 대부분이 일종의 주의력결핍에 시달리고 있는 것처럼 느끼게 만든다. 앞서 살펴본 것처럼 우리를 둘러싼 이러한 도전과제들의 원인은 대개 작업기억에서 찾을 수 있다. 따라서 가장 심각한 주의력결핍에 시달리는 사람들을 좀더 자세히 살펴보고 이들의 문제도 작업기억과 관련될 수 있는지 알아보자.

리사(Lisa)는 제시간에 회의에 참석하는 경우가 거의 없다. 리사는 늘 PDA를 가지고 다니면서 거기에 해야 할 일들을 빠짐없이 적어둔다. PDA는 신호음을 울려 회의 준비 등등 리사가 해야 할 일과 일정을 알려준다. 하지만 사소한 디테일과 충동, 방해요소의 숲에서 길을 잃고 방황하는 일이 잦다. 회의자료를 준비해야 하는데 갑자기 전화할 데가 생각나 전화를 건다거나, 갑작스런 충동에 이끌려 시들어가는 화초에 물을 준다거나, 커피를 들고 구내식당으로 가서는 해야 할 일은 까맣게 잊은 채 동료들과 잡담하는 경우가 많다. 그러다 보니 제시간에 회의에 참석하는 것이 쉽지 않다. 유치원에 아이들을 데리러 가는 것도 잊어버리는 경우가 다반사다.

리사의 말마따나 문제는 세상이 너무나 빠르게 움직인다는 것이다. 그게 아니라면 머릿속의 생각들이 너무나 빠르게 움직이는 것은 아닐까? 세상은 리사가 차분하게 정리하거나 우선순위를 매기기 힘든 디테일과 자극들로 넘쳐나는 것처럼 보인다. 한 가지 생각을 머릿속에 담아두었다가 효과적으로 행동에 옮기는 일은 리사의 능력 범위를 벗어나는 것처럼 보인다.

리사는 이런 문제를 해결하기 위해 몇 가지 조치를 취했다. 직장에서 업무에 집중하는 것을 도와줄 비서를 고용했고, 혼자서는 피하기 어려운 사소한 디테일과 충동에 휩쓸리지 않기 위해 세상이 조금 더 천천히 움직이는 것처럼 느낄 수 있게 해주는 약을 복용하기 시작했다.

정도의 차이는 있지만 우리 대부분은 주의력결핍에 시달리고 있다. 우리의 주의력은 하루의 시간대와 수면부족, 스트레스, 질병, 나이 등의 영향을 받는다. 하지만 바로 이런 문제를 표현하는 진단명이 존재한다. 주의력결핍과잉행동장애, 즉 ADHD가 바로 그것이다. 가상의 사례에 등장하는 리사에게 내려진 진단명이다.

이 장애는 열여덟 가지 기준에 의해 정의되는데, 그중 아홉 가지는 주의력과 관련이 있으며 나머지 아홉 가지는 충동적 성향이나 과잉행동과 관련이 있다. 주의력과 관련된 아홉 가지 기준 중 적어도 여섯 가지 사항에 해당하는 사람이라면 '주의력결핍우세형 ADHD' 또는 간단히 '주의력결핍장애'*라고 진단을 내릴 수 있다. 나머지 과잉행동·충동성과 관련된 아홉 가지 기준 중 적어도 여섯 가지 사항에 해당하는 사람은 '복합형 ADHD'라고 진단을 내릴 수 있다.

과잉행동 문제는 일단 제쳐두고 주의력결핍에 대해 좀더 자세히 살펴보자. 의사들이 진단을 내리기 위해 사용하는 매뉴얼에 나와 있는 주의력결핍에 대한 아홉 가지 기준은 다음과 같다.

1. 학업이나 업무 등의 활동에서 디테일에 세밀한 주의를 기울이지 못하거나 자주 부주의한 실수를 한다.

2. 과제나 놀이활동에서 주의력을 유지하는 데 자주 어려움을 겪는다.

3. 상대방이 직접 말을 걸 때 잘 듣지 않는 것처럼 보이는 경우가 많다.

4. 지시사항을 제대로 이행하지 못하거나 학업이나 가사, 업무를 완수하지 못하는 경우가 많다.

5. 과제와 활동을 조직화하는 데 자주 어려움을 겪는다.

6. 지속적인 지적노력이 필요한 과제를 자주 회피하거나 꺼린다.

• 이후 주의력결핍장애는 ADD로 표기한다.

7. 과제나 활동에 필요한 것들을 자주 잃어버린다.

8. 외부의 자극에 쉽게 주의를 빼앗긴다.

9. 일상활동 중에 무언가를 자주 잊는다.

이 기준에서 알 수 있듯이 ADHD 진단은 주로 아이들에게 흔하다. 비록 환자 가운데 절반 이상이 성인이 되어서도 증상이 지속되기는 하지만 말이다. 특히 주의력 문제와 산만성 증상이 오래가는 반면에 과잉행동 증상은 흔히 나이가 들면서 사라진다. 많은 과학자들이 ADD만을 수반하는 ADHD는 다른 유형의 ADHD와는 별개의 독립된 진단이어야 한다고 믿고 있다.

성인 ADHD 또는 ADD는 최근 몇 년 사이에 상당한 관심을 끌었고 이와 관련된 대중과학 서적이나 웹사이트, 온라인 뉴스그룹 등이 속속 등장하는 계기가 되었다. ADD 환자를 위한 인터넷 뉴스그룹인 '컴퓨서브 ADD 포럼'(CompuServe ADD Forum)에서는 좀 더 가벼운 마음으로 읽을 수 있는 ADD의 정의를 찾아볼 수 있다. 이 포럼에 따르면, 다음과 같은 기준으로 ADD에 대한 자가진단을 내릴 수 있다.

- 친구 집에 맡겨놓은 아이들을 데리러 가다가 집을 지나친 것을 깨닫고 차를 돌려서 곧장 자기 집으로 돌아간다. 아이들은 친구 집에 그대로 둔 채.
- 냄비가 타는 냄새를 맡고 재빨리 물을 부은 후 잊고 있다가 30분 후에 다시 냄비 타는 냄새에 놀란다.

- 친구에게 무언가를 물어보려고 전화를 건다. 전화벨이 울린 후 친구가 전화를 받으면 질문이 뭐였는지 생각나지 않는다.
- 뭔가를 가지러 침실에 들어갔는데 뭘 가지러 들어왔는지 생각이 나지 않는다.
- 전날 무언가에 정신이 팔려 전자레인지에 넣어둔 음식을 잊고 있다가 다음 날 아침에서야 안에 들어 있는 음식을 발견한다.
- 마지막으로 회의에 제시간에 참석한 때는 알람시계를 표준시로 돌려놓는 것을 깜빡했을 때다.
- 누군가를 소개받고 2초 후에 그 사람의 이름을 잊어버린다.
- 직장에서 프레젠테이션을 한참 진행하다가 집에 있는 잔디밭 스프링클러를 끄는 걸 깜빡한 것이 생각나 프레젠테이션을 하다 말고 부랴부랴 집으로 돌아와 보니 아예 처음부터 스프링클러를 켜지도 않았다.
- 해야 할 일이 마침내 생각났다. 그 일을 하는 데 필요한 도구를 모으다가 이미 끝낸 일이라는 사실을 깨닫고는 자축한다.
- 약을 먹으려고 한 손에 알약을, 다른 손에는 물잔을 들고 있었다. 물을 다 마시고 나서 문득 알약이 한 손에 그대로 있음을 깨닫고는 놀란다.

ADHD란 무엇인가?

모호하게 정의된 아홉 가지 체크리스트처럼 자의적인 기준으로 의학적 진단을 내리는 것은 불합리하다고 주장하는 사람이 있을 것이다. 이러한 주장도 일리가 있다. 이런 식으로 기준을 적용하는 것에는 분명 자의적 요소가 있다. 그러나 다른 한편으로는 모든 정신과 진단에 대해서도 같은 말을 할 수 있다. 정신분열증과 조울증 등도 모두 특정한 기준에 부합하는지 여부에 따라 진단을 내린다.

모든 정신과 진단에 적용되는 한 가지 중요한 추가기준은, 환자가 정상적인 생활을 영위하지 못할 정도로 문제가 심각하다는 것이다. 우리 모두 때로는 우울함을 느끼지만, 그것과 아침에 일어나지 못할 정도이거나 자살을 시도할 만큼 심각한 우울증은 전혀 다른 이야기다. 심각한 상황에 빠져 있는 사람들에게는 치료와 의학적 도움이 절실하다. 환자가 의학적 도움이 필요할 정도로 심각한 위기를 겪고 있는지 파악하기 위해 정신과 의사들은 진단기준 체크리스트를 이용한다. 이러한 기준이 객관적인 지표가 아닐 수도 있지만 현재로서는 이것이 최선의 방법이다.

그렇다면 증상의 수는 어떨까? 다섯 가지 증상만 가지고 있다면 건강한 것이고 증상이 여섯 가지면 문제가 있는 것인가? 진단이라는 말 자체는 건강함과 질병 간의 흑백이분법을 상기시킨다. 의사가 환자에게 약을 처방할 것인지 여부를 결정할 때는 문제를 예 또는 아니오로 범주화해야 한다. 하지만 대부분의 과학자들은 증상의 정도가 전체 인구에 걸쳐 정규분포되어 있는 것으로 본다. 다시 말해 주의력결핍을 가진 소수의 집단이 건강한 일반인 집단과 동떨어져 있는 것이 아니라, 정도의 차이만 있을 뿐 모든 사람이 그런 증상을 가질 수 있다는 말이다. 이를 또한 정규분포 형태를 갖는 혈압과 비교할 수 있다. 우리는 고혈압이 심혈관계질환을 유발할 수 있고 일부 환자는 약물치료로 효과를 볼 수 있다는 사실을 잘 알고 있다. 이러한 집단을 정의하기 위해서는 일정한 기준이 필요하고, 이 기준을 넘어서는 경우 고혈압으로 진단을 내린다. 정규분포 형태의 증상에 대해 말할 때는 질병과 건강이라는 말의 의미가 다르다.

그렇다면 ADHD와 관련된 위험은 무엇일까? ADHD가 있는 아동은 학업에 지장을 받는다. 이런 아동은 차분히 앉아서 숙제하거나 수업을 받는 데 어려움을 겪는다. 이들의 주의력결핍 문제는 성인이 될 때까지도 지속되어 직업교육을 받을 때도 비슷한 어려움을 겪는다. 다른 사람들보다 직업적 성공을 거둘 가능성이 낮고 실업자가 될 위험성도 더 크다. 장기적으로는 약물남용에 빠질 위험성도 존재한다.

ADHD에 관해 논의할 수 있는 흥미로운 의문들이 많다. 그중 한 가지가 이종(heterogeneity)이다. 즉 ADHD 진단을 받은 사람들의 집단은 다양한 원인에 의해 발생하는 온갖 증상을 가지고 있다는 것이다. 대부분의 과학자들은 ADHD의 원인이 하나가 아니라는 데 동의한다. 하나의 유전자나 하나의 신경전달물질 또는 하나의 뇌영역이 원인은 아니라는 것이다. 그렇다면 도대체 원인이 몇 가지라는 말인가? 세 가지? 열다섯 가지? 아니면 오백 가지?

ADHD 진단에 의문을 제기하는 사람들은 대개 주의력결핍을 환경요인 탓으로 돌리기를 좋아한다. 진단은 (특히 그 진단을 내린 사람이 의사라면) 곧 질환을 의미하고, 이는 고칠 수 없는 생물학적 문제가 뇌에 있으므로 환경을 바꿔보았자 별 소용이 없다는 것을 의미한다. 하지만 우리는 정말 이런 식으로 생물학과 환경을 서로 대립시켜야 할까? 분명 ADHD는 개인의 선천적 능력과 환경 탓에 야기되는 문제다. 이러한 선천적 능력은 두뇌 안에 존재한다. 그러나 두뇌가소성에 관해 앞 장에서 살펴본 것처럼, 생물학적 본질에 문제가 있다는 것이 곧 문제해결을 위해 우리가 할 수 있는 일이 아무것도 없다는 것을 의미하지는 않는다.

미국에서 사이언톨로지(Scientology)⁺ 같은 단체는 ADHD 진단을 반대하고 약물치료에 대해 말 그대로 종교적인 적대감을 보인다. ADHD 문제를 외면하려는 이러한 경향에 반대해 의사와 과학자 들은 ADHD 진단과 약물치료 권리를 옹호하기 위해 결집하고 있다. 더구나 ADHD에 관한 글을 발표하려면 대개는 엄격한 진단기준을 따라야 한다. 하지만 최일선에서 ADHD를 연구하는 사람들은 때로 사견임을 전제로 ADHD 진단기준이 시대에 뒤떨어지므로 보다 정확한 기준을 수립해야 한다고 주장한다. 진단은 지금까지 연구를 진행하는 데 큰 역할을 해왔고 지금도 임상적 용도로 중요한 역할을 하고 있다. 하지만 진단 내용이 너무나 이질

⁺ 자기수양을 통해 능력을 개발하려는 운동으로, 1965년 론 허바드(L. Ron Hubbard)가 창설해 현재는 신흥종교화되어 있다.

적이고 진단이 실제로 근본원인을 연구하는 데 방해가 된다는 주장도 있다.

한 가지 가능한 해결책은 진단 대신 기능에 연구의 초점을 맞추는 것이다. 가령 다양한 지적기능을 측정해서 이들이 어떻게 발생하고 이에 관해 어떤 조치를 취할 수 있는지를 이해하는 데 집중하는 것이다. ADHD 진단기준이 잘못되었다고 말하는 것은 아니다. 다만 다른 과학분야와 마찬가지로 연구가 어떤 성과를 내기 위해서는 정확성을 훨씬 더 높여야 한다고 말하는 것이다.

"ADHD가 존재하는가?"에 대한 답은, 질문이 잘못되었다는 것이다. 주의력결핍을 가진 아동과 성인이 있다. 이러한 문제는 생물학적 기질의 차이 때문이고 대체로 유전과 관련이 있다. 일란성쌍둥이와 이란성쌍둥이에게서 ADHD 증상을 비교해보니 무려 75퍼센트의 증상이 선천성으로 판명되었다. 하지만 특정한 현상의 생물학적 본질이 단순히 질병 아니면 건강이라는 이분법을 전제로 해서는 안된다. 혈압과 마찬가지로 중간값이라는 것이 있을 수 있기 때문이다. 또한 이러한 값이 영구적이지도 않으므로 결정론적 관점에서 접근해서도 안된다.

ADHD와 작업기억의 관계

1997년 심리학자이자 ADHD 연구가인 러셀 바클리(Russell Barkley)

는 ADHD와 관련된 많은 문제들이 작업기억의 결함 때문일 수 있다는 글을 발표했다. 이러한 주장은 과학적 근거가 부족했고 실제로 작업기억 용량을 측정한 연구도 거의 없었다. 하지만 ADHD의 주의력결핍을 정의하는 증상들을 살펴보면 작업기억이나 주의력 통제와 직접적인 연관성이 있음을 발견할 수 있다.

"과제나 놀이활동에서 주의력을 유지하는 데 자주 어려움을 겪는다"는 ADHD 진단기준 2는 사실상 주의력 통제에 대한 정의이고, 앞에서 살펴본 것처럼 작업기억과 중첩된다. 따라서 주의력을 통제하지 못하는 문제는 집중해야 하는 대상이 무엇인지 기억하지 못하는 문제라고 단정지을 수도 있다.

진단기준 4, 5, 6은 명령을 기억하거나 다음에 할 일에 관한 지시사항을 작업기억에 담아두지 못하는 문제라고 볼 수 있다. 이런 문제는 당연히 자신의 일을 조직화하는 데 어려움을 겪게 만든다. 진단기준 8은 앞서 살펴본 것처럼 작업기억 용량과 관련된 주의산만성에 관한 것이다. "일상활동 중에 무언가를 자주 잊는다"는 진단기준 9는 부주의에 관한 내용이라고 볼 수도 있지만, 말이 너무나 모호해서 장기기억의 문제인지 아니면 그밖의 다른 문제인지 알기 어렵다. 작업기억이 전부는 아니다. ADHD 아동들은 흔히 작업기억의 한계만으로는 설명할 수 없는 다른 문제들을 가지고 있다. 하지만 작업기억의 결함이 주의력결핍 증상을 보이는 문제들을 상당수 설명해줄 수 있는 것처럼 보인다.

러셀 바클리의 글은 작업기억과 ADHD에 대한 많은 관심을 불러일으켰고, ADHD 아동과 성인의 작업기억 결함을 입증하는 많은 연구가 뒤따랐다. 필자가 속한 카롤린스카연구소에서 시행한 연구에 따르면 ADHD 아동은 작업기억 용량이 적을 뿐만 아니라, 나이를 먹어감에 따라 문제가 점차 악화되어서 ADHD 아동과 대조군 간의 격차가 점점 커졌다. 흥미로운 사실이기는 하지만 그 원인을 밝혀내지는 못했다.

통제주의력과 작업기억 간의 중첩에 관해 앞에서 살펴본 내용을 돌이켜 생각해보면, ADHD 환자가 작업기억 과제를 가장 어려워한다는 사실이 그렇게 놀랄 만한 일은 아니다. ADHD를 작업기억과 연관짓는 몇 가지 생물학적 요인도 있다. 즉 작업기억에 매우 중요한 전두엽과 두정엽의 영역들이 통계적으로 ADHD 환자의 경우 더 작고, 작업기억 기능에 중요한 두뇌의 신경전달물질 네트워크인 도파민(dopamine) 시스템에 약간 이상이 있다는 점이 그것이다. 예를 들어 도파민 수용체를 부호화하는 특정한 유전자의 변종들(대립형질)이 ADHD 환자에게서 더 흔하다는 사실이 밝혀졌다. 하지만 역시 그렇다고 해서 ADHD 환자와 일반인 간에 절대적인 이분법이 존재하는 것은 아니다. 특정한 유전자 변종들은 ADHD 환자의 약 40퍼센트에서 발견되었지만 일반인의 경우에는 20퍼센트에서만 발견되었다.

약물요법과 교육

가장 중요한 ADHD 치료법은 시냅스에서 이용할 수 있는 도파민의 양을 늘리는 약물치료다. 이러한 약물은 작용기전이 암페타민 (amphetamine)•과 유사해서 '중추신경흥분제'라고 불린다. 약의 효능이 워낙 뛰어나서 현존하는 가장 효과적인 향정신성약물 가운데 하나로 손꼽힌다. 약물 투여 30분 내에 아동이 차분해지고 과잉행동이 줄고 주의력이 높아진다. 장기간에 걸친 평가결과, 약물은 어떠한 영구적인 부작용도 유발하지 않으며, 약물의존성의 위험도 특별히 높지 않고 비정상적인 뇌발달을 일으키지도 않는다.

하지만 이러한 평가에 대해서 실제 대조군이 없고 10~15년 전에 처방된 훨씬 낮은 복용량을 근거로 연구가 이루어졌다는 비판의 목소리도 있다. 또한 최근에 실행된 광범위한 연구에서 약물요법에 장기적인 효과가 없다는 사실이 밝혀졌다고 주장하기도 한다.

약물요법의 한 가지 흥미로운 점은, 약물이 작업기억을 향상시킨다는 것이다. 약을 복용하는 것만으로도 작업기억이 대략 10퍼센트 향상된다. ADHD 환자와 정상인 모두한테서 공통적으로 나타나는 현상이고, 이는 소량의 암페타민과 유사한 효능이다. 그 원인은 약물이 도파민 시스템에 미치는 영향 때문인 것으로 보인

• 중추신경계를 자극하는 약물로, 각성제나 식욕조절제로 사용된다.

172

다. 도파민 수용체를 차단하는 약물은 작업기억에 부정적인 영향을 미치지만, 도파민 수용체를 자극하는 약물은 작업기억을 강화하는 작용을 한다.

약물요법의 주요한 대안은 학부모와 교사가 ADHD 아동의 행동을 더 잘 이해하고 스스로 대처할 수 있도록 교육시키는 것이다. 찰스 커닝엄(Charles Cunningham)이 제안한 지역사회부모교육프로그램(COPE)**이 인기를 끌고 있다. 이 프로그램은 주로 수업시간에 차분하게 앉아서 수업을 듣는다든지 숙제를 잘하는 등의 바람직한 행동을 보상하고 갈등을 관리하는 데 중점을 두고 있다. 또한 아이들의 반항적인 행동에 대처하는 쪽으로 보다 더 전문화되어 있다. 결과적으로 이런 프로그램의 주요한 초점은 잠재적 문제를 해결하거나 아이들에게 부여된 작업기억 과제를 분석해 이런 문제에 대해 뭔가 조치를 취하는 것이 아니다.

도전과제와 능력 간의 불균형을 문제의 핵심으로 본다면, 작업기억에 결함이 있는 아이들에게는 학업에서 작업기억 부하를 줄여주는 방안을 강구해야 한다. 이런 생각은 사실상 상식이지만, 캐나다에서 'ADHD 학생 가르치기'(TeachADHD)라는 운동을 통해 정식으로 검증되고 적용된 바 있다. 예를 들면 다음과 같이 지시어를 변형하는 식의 몇 가지 조언이 제공된다.

** COmmunity Parent Education program

- 한 번에 하나의 지시만 내린다.

- 간단명료하고 구체적으로 지시를 내린다.

- 지시사항의 중요한 부분을 반복한다.

- 지시사항에 대한 시각적 교구(가령 해야 할 일의 체크리스트)를 제공한다.

일부 현대적 교육이론에서는, 아이들은 스스로 문제를 체계화하고 궁극적으로 문제를 풀기 위해 필요한 지식을 추구하는 어린 과학자나 마찬가지라고 주장한다. 그럴듯하게 들리는 말이다. 하지만 작업기억이 떨어지는 아이한테 그런 식의 교수법은 재앙이나 마찬가지다. 스스로 자료를 조직화할 수 있으려면 자신의 작업기억에 계획을 담고 있어야 한다. 이는 교사가 아이들에게 무엇을 해야 하는지 알려주는 것보다 훨씬 더 어려운 일이다. 더구나 많은 아이들이 자신만의 프로젝트를 동시에 진행하고 있는 교실에서라면 산만함은 훨씬 더 심하다. 이렇게 생각해보면 이러한 교수법은 단순히 작업기억의 부하를 증가시킬 뿐이고, 결국 어려움을 겪는 아이들은 훨씬 더 뒤처지게 된다.

ADHD 아동의 교육에 대한 조언은 주의력 문제가 있는 성인에게도 유용하다. 크고 복잡한 과제에 직면했을 때 전체 해결계획을 마음속에 담아두는 데 어려움을 겪는 사람들이 있다. 이런 사람들은 전체 계획을 여러 단계로 세분화하고 이러한 단계들을 기록해두는 것이 좋다. 이런 사람들은 또한 스스로 구조와 조직화의 전후관계를 수립하는 데 도움이 필요하다. 쉽게 산만해지는 사람들에게 어지럽혀진 책상은 큰 문제가 된다. 이들이야말로 깔끔하게 정돈된 작업공간이 가장 필요한 사람들임에도 불구하고, 청소를 계획하는 데 수반되는 각종 문제들(가령 언제 청소를 할 것인지, 박스와 라벨과 폴더 등 갖가지 물건들을 어떻게 정리할 것인지) 때문에 청소할 엄두조차 못 낸다. 다시 말해 악순환의 연속인 것이다.

《직장에서 겪는 주의력결핍장애》[*]의 저자 캐슬린 나두(Kathleen Nadeau)는 ADD를 가진 사람이 복잡한 업무환경에 대처할 수 있는 방법에 관해 다음과 같이 조언한다.

- 덜 산만한 시간대에 근무할 수 있도록 유연근무제를 신청하라.
- 일부 근무시간에 대해 재택근무를 신청하라.
- 헤드폰이나 백색소음기[**]를 이용해 소음을 차단하라.
- 사람들이 많이 지나다니는 곳을 등지도록 책상을 배치하라.
- 필요에 따라 개인 사무실이나 회의실 사용을 요청하라.

요컨대 ADHD나 ADD는 벅찬 업무상 요구에 직면해 작업기억이 감당하기 힘든 수준의 정보로 두뇌가 넘칠 때 우리 대부분이

---

[*] ADD in the workplace
[**] 인위적으로 파도나 폭포수, 숲속에서 부는 바람 소리 등을 내서 다른 소음을 차단하거나 숙면을 유도하기 위한 용도로 사용하는 장치.

경험하는 주의력결핍의 극단적인 사례로 볼 수 있다. '주의력결핍 성향'이라는 말은 바로 이러한 상태를 설명하기 위해 만들어진 용어다. 따라서 여러 가지 주의력 문제로 곤란을 겪는 사람들에게 하고 싶은 말은, 산만함을 줄이고 계획에 대한 인지적 보유를 유지해야 한다는 압박감을 덜기 위해(두 가지 전략 모두 작업기억에 대한 부하를 줄이는 작용을 한다) 외부에 도움을 요청하라는 것이다. 하지만 문제를 거꾸로 생각해볼 수는 없을까? 저울의 반대쪽 접시를 무겁게 해서 우리의 지적능력을 키울 수는 없을까?

10장

훈련으로 작업기억을
향상시킬 수 있다

The Overflowing Brain

"연습이 완벽함을 만든다"는 말이 있다. 악기를 익히면 두뇌 가소성 때문에 미세운동신경을 관장하고 음을 인식하는 대뇌피질 영역에 변화가 발생한다. 그렇다면 마찬가지로 작업기억 용량을 관장하는 뇌영역을 훈련하지 못하라는 법도 없다. 그럼에도 불구하고 지금까지 심리학자들은 관습적으로 작업기억 용량을 정적인 것, 즉 외부의 영향을 받지 않는 것으로 간주해왔다.

실제로 학습장애 아동을 포함한 피험자를 대상으로 작업기억을 향상시키려는 심리학자들의 시도가 있었고, 1970년대부터는 이런 노력들이 더욱 활발하게 진행되고 있다. 한 연구에서 심리학자들은 아이들에게 작업기억 과제를 관리하는 전략을 가르치려고 노력했다. 가령 일련의 숫자를 기억해야 한다면 처음 숫자만을 조용히 되뇌고, 나머지 숫자를 기억해내기 위해서는 보다 수동적인 기억력에 의존하라는 지시를 해주는 식이었다. 숫자의 경우에는 이런 방법이 효과가 있었다. 하지만 다른 지적활동에는 전혀 도움이 되지 않았다. 다시 말해 특정한 전략을 학습해 얻을 수 있는 2차적인 효과가 없었다.

또다른 연구에서는 한 대학생에게 무려 20개월 동안 하루에 한 시간씩 일주일에 3~5일간 큰소리로 읽어주는 일련의 숫자를 반복해서 암기하게 했다. 학생의 성취도는 느리지만 확실하게 좋아져서 20개월 후에는 75자리까지 반복할 수 있게 되었다. 이런 결과는 '마법의 숫자 7'의 개념에 상충하는 것처럼 보인다. 하지만 비밀은 여러 개의 숫자를 한데 묶어 장기기억 속의 정보(특히 각종 스포츠 기록에 대한 학생의 해박한 지식)와 연관짓는 전략에 있었다. 가령 3492는 달리기 세계기록을 떠올려 3분 49.2초로 암기하는 식이었다. 훈련시간 이후에도 학생은 여전히 그날 읽어준 숫자를 대부분 기억할 수 있었는데, 이는 학생이 자신의 장기기억에 의존하고 있음을 보여준다. 20개월의 훈련이 끝나고 일련의 글자에 관한 테스트를 했을 때는 단지 6개만을 기억해냈다. 작업기억은 향상되지 않은 것이다.

암기를 위한 학습전략은 전략을 배우기 위한 정보 이외에는 그 어떤 정보에도 도움이 되지 않는 것처럼 보인다. 하지만 두뇌가소성에 대한 연구(특히 영장류를 대상으로 한)에서 사용한 방법은 전략 학습이 아니라 반복적 기술 학습이었다. 뇌에 뚜렷한 영향을 미치기 위해서는 훈련을 매일 반복하면서 동시에 훈련의 강도가 하루 훈련시간과 훈련일수 측면에서 충분히 높아야 했다. 또한 과제의 난이도도 충분히 높아야 했다. 난이도는 과제수행자의 실력이 좋아지면 바로 과제의 난이도를 높이는 자동적응 방법을 통해 조절이 가능하다. 이러한 원칙은 작업기억 훈련에도 적용할 수 있을 것이다.

작업기억 훈련의 2차적 효과에 관해 이론상 어떤 결과를 예상해볼 수 있을까? 훈련의 효과는 특정한 기능과 이 기능으로 활성화되는 피질영역에 한정된다. 하지만 다중양식 작업기억 영역(즉 기억해야 하는 대상에 관계없이 다양한 유형의 작업기억 과제에 의해 활성화되는 영역)이 존재하고 이 영역이 강화될 수 있다면 다양한 유형의 작업기억 과제 간에 적어도 2차적인 효과는 있을 것이다. 게다가 레이븐스 매트릭스 같은 과제를 수행할 때는 동일한 핵심영역이 활성화되므로 작업기억 용량이 향상된다면 동일한 능력을 이용하는 문제해결 활동에서도 2차적인 효과를 관찰할 수 있을 것이다.

작업기억 향상을 위한 훈련 프로그램들

필자는 1999년 말 즈음 작업기억 훈련에 대해 관심을 갖게 되었다. 작업기억을 실제로 향상시킬 수 있다면 작업기억 문제로 고통받는 사람들에게 큰 도움이 될 수 있을 것이고, 이런 사람들이

야말로 가장 큰 변화의 잠재력을 가진 집단이 될 것이기 때문이었다. 제9장에서 살펴본 ADHD 아동이 바로 이런 집단에 속한다고 볼 수 있다.

하지만 필자가 연구에서 사용한 작업기억 과제는 그리드 안에서 원의 위치를 기억하는 등 매우 따분한 과제였다. 연구 초기에 직면한 한 가지 난관은, 가만히 앉아 있는 것도 힘들어하는 산만한 10세 아이들에게 반복적이고 단조로운 작업기억 과제를 어떻게 몇 주 동안이나 계속해서 수행하게 만들 것인가 하는 것이었다. 한 가지 해결책은 아이들이 컴퓨터게임을 좋아한다는 점을 이용해 과제를 지루하지 않게 느끼도록 만드는 것이었다. 10~12세 아동용 두뇌훈련 게임을 다수 제작한 경험이 있는 게임프로그래머 요나스 베크만(Jonas Beckeman)과 데이비드 스코글런드(David Skoglund)가 과제를 보다 흥미롭게 만들어주었다. 다양한 과제를 수행하기 위한 버튼이 로봇 몸체 여기저기에 설치되면서 소프트웨어에 '로보메모'(RoboMemo)라는 이름이 붙게 되었다.

원칙상 훈련 프로그램에는 필자의 연구진이 과거에 사용한 것과 동일한 작업기억 과제(제시된 여러 위치나 일련의 숫자 또는 글자를 기억하는)가 포함되었다. 아이들은 하루에 약 45분간 이러한 작업기억 과제를 반복적으로(하지만 자극의 조합은 늘 새롭게 바꿔가면서) 수행했다. 아이들의 실력이 향상되면 바로 난이도를 올려 아이들이 기억할 수 있는 정보의 양을 늘려갔다. 동기를 더욱 높이기 위해 아이들이 서로 경쟁하며 더 높은 기록을 세울 수 있도록 점수제를 도입했다. 매일 연구가 끝날 때는 열심히 과제를 수행한 것에 대한 보상으로 아이들이 그날 얻은 점수를 사용할 수 있는 다른 게임도 했다.

여러 차례의 예비연구 이후 14명의 ADHD 아동을 대상으로 훈련 프로그램을 처음으로 시행하게 되었다. 일반적으로 훈련효과의 평가와 관련된 몇 가지 문제점이 있다. 이 분야에서 연구하기가 어려운 이유 중 하나는 타당한 대조군을 확보하는 일이 어렵다는 것이다. 가령 한 그룹의 환자를 대상으로 치료의 효능을 확인하기 위해 특정한 과제를 이용해 특정기능을 측정한다면, 향상된 이유가 두 번째 테스트이기(즉 재시험효과) 때문인지 아닌지 확신할 수 없게 된다. 따라서 치료가 줄 수 있는 플라시보효과(placebo effect)*를 배제할 수 있도록 대안적인 과제를 수행하는 대조군이 필요하다.

이를 위해 우리는 훈련 프로그램과 유사하지만 작업기억 과제의 난이도는 낮은 컴퓨터 프로그램을 선택했다. 실험군에서 훈련 프로그램의 난이도는 아이들의 능력에 맞게 자주 조정되었다. 대조군의 아이들이 2자리 숫자만 기억하는 반면, 실험군의 아이들은 5, 6, 또는 7자리의 숫자를 기억하는 실험을 번갈아 했다. 따라서 대조군의 훈련효과가 훨씬 더 낮을 것으로 예상되었다. 자신

---

* 위약(僞藥)을 투여했음에도 심리적으로 효과를 내서 증세가 실제로 호전되는 것을 말한다.

의 최대한도로 역기를 들어서 얻는 운동효과와 비교해 2kg짜리 덤벨로 운동한 효과가 미미한 것과 마찬가지다.

실험군과 대조군의 아이들 모두 5주 동안 25일간의 훈련을 받고 훈련 전후에 다양한 테스트를 이용해 측정을 받았다. 데이터를 분석해보니 보다 집중적인 훈련을 받은 아이들이 실행과제에서 대조군보다 많은 향상을 보였고, 훈련 프로그램에 포함되지 않은 작업기억 과제에서도 상당한 향상을 보였다. 이를 통해 작업기억은 훈련이 가능하고 훈련은 2차적 효과를 갖는다는 사실을 입증했다.

이 연구의 한 가지 결점은 피험자의 수가 너무 적다는 점이었다. 일부 강경한 과학자들은 한 차례의 연구만으로는 충분하지 않다고 지적하기도 했다. 이는 대부분의 과학자들이 감내해야 하는 딜레마다. 심리학자 윌리엄 제임스(William James)는 과학자들의 이런 딜레마를 다음과 같은 유명한 말로 간략하게 표현했다. "무언가 새로운 사실이 밝혀지면 사람들은 '그건 진실이 아니'라고 말하고, 나중에 진실이 명백해지면 사람들은 '그건 중요하지 않다'고 반박한다. 그러다가 그 중요성을 더이상 부인하기 어렵게 되면 사람들은 '어쨌든 그건 새로운 사실이 아니'라고 말한다."

따라서 우리의 다음 과제는 연구의 범위를 넓혀 그 결과를 입증하는 것이었다. 이 연구에는 4개 대학병원과 총 20여명의 사람들이 다양한 역할로 참여했다. 그리고 50여명의 ADHD 아동이 집이나 학교에서 컴퓨터 앞에 앉아 5주 동안 작업기억 과제 훈련을 받았다. 우리가 독자적으로 특수설계한 시스템을 이용해 아이들이 인터넷을 통해 병원에 있는 서버에 과제결과를 전송하면 연구진은 그 결과를 모니터링해 아이들이 제대로 훈련하고 있는지 확인했다. 2년간의 계획과 테스트, 분석작업을 거친 후에 우리는 1차 연구에서 부족했던 연구결과를 얻었다. 훈련받은 집단의 작업기억이 대조군보다 더 많이 향상되었고, 특정한 유형의 전산화된 기억과제(4 × 4 그리드에서 위치를 기억해 마우스로 클릭하는)를 수행한 아이들이 다른 일반적인 작업기억 과제(심리학자가 무작위로 가리키는 나무 블록의 순서를 기억하는)에서도 실력이 향상되었다.

향상도는 18퍼센트였고 연구진이 훈련종료 3개월 후에 다시 측정했을 때도 효과가 지속되었다. 이는 이전에 작업기억에 일곱 가지를 보유할 수 있었던 피험자가 이제는 여덟 가지를 보유할 수 있게 되었다는 것을 의미한다. 블록의 순서를 기억하는 과제의 향상도는 그렇게 크지는 않았지만, 작업기억이 훈련을 통해 실제로 향상될 수 있음을 입증하기에는 충분했다. 작업기억은 정적인 것이 아니며, 작업기억 용량의 한계를 늘릴 수 있다는 사실을 입증한 것이다.

이런 식으로 작업기억을 강화할 수 있다면 문제해결 능력도 향상시킬 수 있지 않을까? 이런 궁금증을 풀기 위해 우리는 다시 레이븐스 매트릭스를 이용했다. 1차 소규모 연구에서도 훈련받은 아이들이 레이븐스 매트릭스에서 상당한 향상을 보였고, 이런 결과는 2차 대규모 연구에서도 사실로 확인되었다. 훈련받은 집단의 아이들은 재시험 결과 약 10퍼센트의 향상을 보였으며, 이런 성과는 대조군이 보인 2퍼센트 향상에 비해 훨씬 더 큰 향상이었다.

우리는 부모들에게도 ADHD를 정의하는 동일한 기준을 이용해 아이들의 일상적 행동을 평가해달라고 부탁했다. 그 결과 아이들의 주의력 향상이 관찰되었고 이는 ADHD 증상과 (학습을 유발하는) 작업기억 간의 관계를 확증해주는 것으로 보였다.

노트르담대학교의 브래들리 깁슨(Bradley Gibson) 연구팀과 뉴욕의과대학교의 크리스토퍼 루카스(Christopher Lucas) 연구팀을 포함한 몇몇 다른 연구기관에서 우리의 방법을 이용해 이러한 결과를 재연할 수 있었다. 또한 스톡홀름교육연구소(Stockholm Institute of Education)의 카린 달린(Karin Dahlin)과 매츠 미베르그(Mats Myrberg)가 시행한 연구(아이들이 교실에서 훈련 프로그램을 사용한)에서도 같은 결과를 확인할 수 있었다. 우리 방법은 또한 스웨덴과 독일, 일본, 스위스, 미국 등 여러 지역에서 ADHD 아동의 작업기억과 주의력 향상을 돕기 위한 임상수단으로 활용되고 있다.

필자의 제자이기도 한 카롤린스카연구소 노화연구센터(Aging Research Center)의 헬레나 베스테르베리(Helena Westerberg)는 건강한 노인들도 작업기억이 향상될 수 있는지 연구했다. 이 연구에 참가한 100명 중 50명은 20~30세였고 나머지 50명은 60~70세였다. 각 연령집단 내에서 참가자들은 우리가 개발한 작업기억 훈련 프로그램이나 플라시보 버전의 프로그램(작업기억 과제가 쉬운) 중 하나를 이용하도록 무작위로 배정되었다. 모든 참가자는 훈련 전후에 신경심리학 테스트를 받았다.

실험결과 훈련 그룹에 속한 참가자들은 연령대에 관계없이 일련의 숫자를 듣고 마지막에 들은 두 숫자의 합을 계산하는 것 같은 인지과제뿐만 아니라 (훈련 프로그램의 일부가 아닌) 작업기억 과제의 실력도 향상되었다. 참가자들은 또한 일상생활의 인지기능에 관한 설문지를 받았는데, 여기에는 "당신은 방을 이동할 때 무엇을 하려고 했는지 자주 잊습니까?" 같은 작업기억과 관련된 질문이 들어 있었다.

아마도 가장 놀라운 결과는 비록 참가자들이 건강한 사람들이기는 했지만 훈련결과 일상생활에서 인지 실패와 주의력 문제가 크게 감소했다는 점과, 이런 결과가 연령대에 상관없이 나타났다는 점일 것이다. 이 연구는 훈련을 통해 작업기억을 향상시킬 수 있다는 사실을 다시 한 번 확인시켜주었다. 뿐만 아니라 이런 긍정적인 효과가 노년층에서도 달성될 수 있음을 입증했다. 일상적 행동에 미치는 영향은 주의력결핍 문제가 정도의 차이는 있지만 우리 모두가 실제로 겪는 일이고 작업기억과 관련되어 있음을 보여준다.

훈련이 두뇌활동에 미치는 영향

우리가 가진 한 가지 의문은 "작업기억 훈련의 효과를 뇌활동의 변화에서 찾아볼 수 있는가?" 하는 것이었다. 5주간의 인지훈련이 뇌지도를 다시 그릴 수 있을까? 그렇다면 어느 시점에서일까?

이러한 의문을 풀기 위해 우리는 ADHD가 없는 10대 후반의 청소년을 대상으로 연구에 착수했다. 이들은 ADHD 아동을 대상으로 한 연구에서 사용한 프로그램을 이용해 작업기억을 훈련했다. 아동 대신에 청소년을 연구대상으로 삼은 이유는, 장기간에 걸쳐 수차례 뇌활동을 측정하지 않으면 뇌활동의 변화가 너무 작아서 측정하기가 어려울 것으로 예상했기 때문이다. 이런 연구를 아이들이 감당하기는 어려울 것 같았다. 특히 MRI 촬영 중에는 반드시 가만히 누워 있어야 하는데, 이런 일을 힘겨워하는 아이들을 대상으로 연구를 진행하기가 어려울 것 같았다.

피험자가 처음에는 작업기억 과제를, 나중에는 통제주의력 과제를 수행하는 동안 fMRI를 이용해 뇌활동을 측정했다. 총 11명의 뇌활동을 측정했고, 이중에 8명은 훈련기간 중 5일에 걸쳐 MRI를 촬영해 대략 40시간 분량의 데이터를 확보했다.

5개월 후 뇌지도에 통계적으로 유의미한 변화가 나타나기 시작하면서 훈련으로 전두엽과 두정엽의 활성도가 높아지는 모습이 관찰되었다. 이는 두 가지 이유 때문에 흥미로운 결과였다. 첫째는 인지과제에 대한 집중적이고 장기적인 훈련이 감각훈련, 운동

훈련과 마찬가지로 뇌활성도를 변화시킬 수 있음을 입증했다는 것이다. 가령 과거의 연구에서 과학자들은 음의 고저에 대한 자극 반응성 훈련이 해당 과제와 관련된 뉴런의 숫자 증가로 이어진다는 사실을 목격했다.(제8장 153~154쪽 참고) 작업기억 훈련에도 동일한 원리가 적용된다면, MRI에서 관찰되는 신호가 증가한 것으로 관련 뉴런의 수가 증가했다고 말할 수 있을 것이다.

둘째는 변화가 관찰되는 영역 때문이다. 시각이나 청각, 운동피질이 아니라 다중양식 오버랩 영역에서 변화가 관찰되었다. 게다가 앞서 작업기억의 용량한계와 연관지었던 두정엽내고랑에서 가장 큰 변화가 관찰되었다.

학술자료를 자세히 살펴보면, 작업기억과 통제주의력은 훈련이 가능하다는 우리의 연구결과와 마찬가지로 해석할 수 있는 연구가 많이 있다. 이중에는 '주의력 프로세스 훈련'(attentional process training)을 살펴본 연구가 있다. 이 연구는 알파벳 순서로 단어를 배열한다든지, 여러 가지 방해요소 속에서 특정한 대상을 찾거나 단어를 분류하는 등 여러 가지 훈련으로 구성되며, 피험자는 심리학자가 지켜보는 가운데 이러한 과제를 수행해야 한다.

또다른 연구에서는 각기 다른 종류의 뇌손상이 있는 사람들을 대상으로 10주 동안 이러한 훈련의 효과를 측정했다. 심리학자들은 시공간 작업기억이 크게 향상되는(7퍼센트) 것을 목격했고, 들려준 일련의 숫자를 더하는 작업기억 과제에서도 실력 향상이 관찰되었다. 하지만 흥미롭게도 자극주의력을 측정하는 시험에서는 어떠한 효과도 발견하지 못했다.

보다 최근인 2008년에는 수잰 재기(Susanne Jaeggi)와 존 조나이즈(John Jonides)가 이끄는 미시간대학교 연구팀이 젊고 건강한 성인집단에서 작업기억 훈련의 효과를 확인했다. 참가자들은 8~19일 동안 작업기억 과제를 반복적으로 훈련했고, 작업기억 과제뿐만 아니라 레이븐스 프로그레시브 매트릭스(Raven's Progressive Matrix)에서도 훈련일수에 비례해 실력이 향상되었다.

비록 아직까지는 소수의 연구에 불과하지만, 작업기억은 훈련이 가능하다는 증거가 있다. 이런 점에서 작업기억은 훈련하면 활성화되는 피질영역에 변화가 발생하는 다른 운동기능, 감각기능과 유사하다. 작업기억에 정보저장을 관장하는 영역은 뇌의 다른 영역과 마찬가지의 가소성을 가질 수 있다. 여기서 우리는 엄청난 변화를 이야기하는 것은 아니다. 작업기억이 18퍼센트 향상되고 문제해결 능력이 8퍼센트 향상되는 정도다. 하지만 두뇌가 정보를 처리하는 능력의 한계를 늘릴 수 있다는 점을 이야기하는 것이다. 작업기억이 여러 가지 일상적인 지적활동에 그렇게 중요하고, 이러한 작업기억을 향상시킬 수 있다면 끊임없이 훈련해야 하지 않을까? 그리고 이러한 효과를 관찰할 수 있다면 어떠한 활동에 적용할 수 있을까?

11장

명상이
두뇌에 미치는 영향

The Overflowing Brain

아침에 일어나 회의나 점심식사, 여행, 집안일 등 하루의 일
과를 계획하는 일은 조각그림 맞추기의 지적인 버전이나 마찬가
지다. 여러 조각그림을 작업기억에 저장해야 한다. 그런 다음 작
업기억을 이용해 챙겨야 하는 물건의 목록을 머릿속에 떠올리고,
물건을 하나씩 찾으면서 그 사실 또한 기억해야 한다.

출근길 지하철에서 신문을 읽을 때는 작업기억을 이용해 각 문
장의 첫 번째 단어에서부터 마지막 단어까지의 정보를 기억한다.
만약 이때 옆에서 한 무리의 10대들이 어제 열린 축구경기나 지
난 주말 파티에 관해 열띤 토론을 벌인다면 신문기사의 정보를 기
억하는 일은 작업기억에 특히나 부담스러운 과제가 된다. 우리는
하루 종일 이런 식으로 작업기억을 이용한다. 그렇다면 우리는 하
루하루 작업기억 향상을 위해 끊임없이 훈련해야 하지 않을까?

인간의 두뇌는 자연의 가장 복잡한 기관이다. 두뇌를 근육에 비유하는 것이 생뚱맞을지는 몰라도, 최소한 신경과학자들에게는 작업기억을 근육에 비유하는 것이 훈련의 원리를 보여주는 데 유용하다. 우리는 팔을 들 때마다 상완이두근을 사용한다. 이 근육은 종이를 집어들거나 키보드 위에 팔을 올려놓거나 입 안에 음식을 집어넣는 등 수많은 일상적인 동작에 사용되는 근육이다. 근육은 계속 사용해야 약해지지 않는다. 하지만 이두근은 종이 한 장을 집어올린다고 해서 강화되지는 않는다. 이두근을 키우고 싶다면 더 무거운 것이 필요하다. 보디빌딩 책을 보면 흔히 (같은 동작을 10회 반복하는) 1세트를 간신히 해낼 수 있을 만큼의 무게를 선택해서 하루에 3세트씩 일주일에 3회 운동하라고 조언한다. 어떤 가시적인 성과가 나타나려면 이렇게 체계적으로 몇 주간 계속해서 운동해야 한다.

불행히도 신체운동에 대해서는 잘 알면서 두뇌운동에 대해서는 잘 모르는 경우가 많다. 하지만 몇 달간 일주일에 2~3일씩 지구력의 한계를 시험하는 것 같은 원리는 두 경우에 모두 적용된다. 필자의 연구진은 ADHD 아동을 대상으로 작업기억 훈련의 효과를 연구하면서 '능력의 한계치에 얼마나 가깝게 훈련했는가' 하는 점에서만 차이를 보이는 두 그룹을 비교했다. 훈련 그룹(실험군)은 능력의 한계에 도달한 정보량으로 작업기억 과제를 수행했고, 대조군은 인지적 노력이 거의 필요 없는 단순한 과제를 수행했다. 실험결과 단순한 작업기억 과제 수행은 기억력 향상에 거의 도움이 되지 않았고, 아이들이 능력의 한계에 가까운 과제를 수행해야만 실질적인 효과가 나타났다. 또한 과제의 난이도가 결과에 영향을 미치는 유일한 요소는 아니었다. 아이들은 5주 동안 일주일에 5일, 그리고 하루에 최소한 30분 동안 훈련해야 했다.

다양한 일상적인 활동은 인지적 부하가 천차만별이기는 하지만, 우리는 얼마나 자주 두뇌의 한계까지 스스로를 단련하는가? 자신의 능력을 벗어나는 문제를 얼마나 자주 해결하는가?

치매예방을 위한 두뇌훈련

인지능력이 일상적 활동에 영향을 받는다는 사실을 입증한 여러 연구가 있다. '아인슈타인노화연구'(Einstein Aging Study)도 그중 하나다. 이 연구를 위해 알버트아인슈타인의과대학교의 조 버기스 (Joe Verghese) 박사 연구팀은 평균 5년에 걸쳐 400명이 넘는 노인을 관찰해 그들의 일상적 활동이 장기적으로 인지능력에 어떤 영향을 미치는지 알아보았다.

연구진의 주요 관심사는 치매 발병이었지만, 연구진은 피험자들의 아이큐도 측정했다. 피험자들은 몇 차례 심리테스트를 받았으며 독서, 글쓰기, 가로세로 낱말 맞추기, 보드게임(체스), 토론, 악기 연주, 테니스, 골프, 수영, 자전거 타기, 춤, 체조, 볼링, 걷기, 계단 오르기, 집안일, 아이 돌보기 등 그들의 여가활동에 대해서도 자세하게 조사를 받았다. 또한 연구진은 노인들이 이러한 활동을 얼마나 자주(매일, 일주일에 두세 차례, 일주일에 한 번, 1달에 한 번, 가끔씩, 전혀 하지 않는다) 하는지도 알아보았다. 훈련량은 점수로 환산했는데, 일주일에 한 번 한 가지 활동을 하면 1점을 주었다. 따라서 매일 그 활동을 하는 경우에는 7점이 된다.

피험자들을 5년간 추적조사해 그들의 여가활동이 인지적 효과를 갖는지 알아보았다. 원래 건강상태가 이후의 여가활동을 결정한 것이 아님을 확실히 하기 위해 교육, 건강상태, 초기 테스트 결과 등의 요소들을 조정했다.

조 버기스 연구팀은 독서, 체스, 악기 연주, 춤이 모두 인지능력 향상과 치매 발병위험 감소와 연관되어 있음을 밝혀냈다. 하지만 일주일에 2~3회 활동을 해야만 이러한 효과가 있었다. 일주일에 한 번씩 체스를 하는 것으로는 충분하지 않았다. 피험자의 인지활동 점수가 8점 이상인 경우, 즉 일주일에 최소한 8회 이상 지적운동을 하면 치매 발병위험이 절반으로 줄었다. 반면에 신체운동(자전거 타기, 골프, 걷기 등)에 대한 활동 점수는 정신건강에 어떠한 영향도 미치지 않았다. 다시 말해서 지적으로 도전적인 활동을 매일 하는 것이 효과가 있기는 하지만, 이런 효과를 보기 위해서는 일정정도의 강도가 필요하다. 이는 근육과 마찬가지로 두뇌에도 적용되는 원리인 것이다.

우리는 아인슈타인노화연구에서 효과가 있다고 입증된 많은 활동들이 작업기억과 통제주의력을 요구하는 것으로 알려진 바로 그 활동들임을 알 수 있다. 체스는 가장 뚜렷한 훈련효과를 보인 활동이었다. 아마도 몇 수 앞을 생각하는 일이 작업기억 부하를 높이는 활동 가운데 하나인 것으로 보인다. 그리고 이것이 실제 체스를 두는 시간 동안 우리가 하는 일이기도 하다. 결과적으로 체스는 작업기억을 최대한 활용하는 유효시간이 길다. 연구에서 효과를 입증한 독서 역시 작업기억이 필요한 활동이다.(비록 연구에서는 텍스트의 복잡성과 어떤 상관성이 있는지 규명하지 않았지만, 어느 정도 상관관계가 있을 것이라고 추정할 수 있다.) 인기 있는 두뇌훈련 중 하나인 가로세로 낱말 맞추기도 작지만 통계적으로 유의미한 긍정적인 효과가 있었다.

수년간 스웨덴 스톡홀름의 쿵스홀멘(Kungsholmen)섬에 거주하는 노년층 인구를 추적조사한 카롤린스카연구소의 로라 후라티그리오니(Laura Fratiglioni)와 벵트 빈블라드(Bengt Winblad) 박사 연구팀도 두뇌활동이 치매예방에 도움이 된다는 비슷한 결과를 내놓았다. 하지만 이들은 신체활동의 효과에 대해서는 아인슈타인 노화연구에서보다 긍정적인 연구결과를 내놓았다. 두뇌, 신체, 사회활동이 모두 제각기 정신건강을 향상시키는 역할을 한다는 사실을 입증한 것이다.

따라서 일상적인 활동도 때로는 긍정적인 효과가 있는 것처럼 보인다. 하지만 훈련효과를 알아보려면 보다 구체적이어야 한다. "사용하지 않으면 잃어버린다"는 말은 두뇌의 특정기능과 영역을 가리키는 말이다. 안타깝게도 아인슈타인노화연구에서는 치매에 걸리지 않은 사람들이 아이큐테스트에서 더 높은 점수를 받았음에도 불구하고 작업기억은 측정하지 않고 치매만 측정했다. 따라서 두뇌훈련에 대한 좀더 정밀한 연구를 살펴보고, 두뇌훈련이 지적능력에 미치는 영향에 대해 알아보자.

두뇌활동을 측정할 수 있다면

작업기억에 부담을 주는 일상적인 활동의 효과는 항상 우리 주변에 널려 있지만 이런 효과를 우리가 항상 인식하는 것은 아니다. 그 이유 중 하나는 작업기억과 주의력을 스스로 관찰하고 측정하기가 어렵기 때문이다. 신체운동과 비교하면 훨씬 더 분명해진다. 체육관에서 열심히 운동한 결과는 쉽게 측정할 수 있다. 얼마나 무거운 무게를 들 수 있는지, 조깅 코스를 얼마나 빨리 달릴 수 있는지 알 수 있고, 세 계단씩 올라가도 더이상 숨이 차지 않다는 것을 느낄 수 있다. 또한 건강한 사람들의 근육이 얼마나 큰지도 우리 두 눈으로 직접 확인할 수 있고, 저울에 올라가보면 운동을 시작한 후 체중이 얼마나 빠졌는지도 확인할 수 있다.

하지만 작업기억 용량과 주의력은 이렇게 바로 파악하기가 어렵다. 학교처럼 작업기억이 중요한 환경에서도 마찬가지다. 어떤 활동에 대한 실력이 향상되었다는 사실은 흔히 지식과 기술의 향상으로 평가된다. 수학 실력이 좋아지는 것은 장기기억에 많은 공식을 입력하고 있기 때문이고, 악기 연주 실력이 좋아지는 것은 음계를 익혔기 때문이다. 주의력에 따라 실력이 어느 정도 향상되는지 파악하는 것은 쉽지 않다. 하지만 두뇌활동의 척도와 두뇌훈련 결과에 대한 구체적인 피드백이 있다면 오늘날 우리가 칼로리나 체중을 계산하는 것처럼 두뇌활동 점수를 계산할 수 있는 날이 올지도 모른다.

훈련은 능력의 한계치에 가깝게 실행해야 효과가 있는 것으로 몇몇 연구에서 입증되었다. 어떤 활동이 작업기억에 가장 큰 부담이 되는지는 개인마다 다르다. 초등학생에게는 수학, 특히 암산이 가장 큰 도전이 될 수 있다. 전문용어가 많은 생소한 분야의 복잡한 글이나 어려운 어휘가 많이 포함된 긴 문장을 읽는 일은, 문장의 처음부터 어려운 용어의 의미를 생각하거나 기억하려고 노력해야 하기 때문에 정보를 보유하는 우리의 능력에 많은 부담을 준다. 하지만 우리는 일상생활에서 여러 가지 도전적인 상황들에 둘러싸여 있다. 필자도 요리법을 설명한 두 줄을 작업기억에 저장하고 요리를 완성하는 일을 어렵게 느낀다. 하지만 그렇다고 요리법을 이해하기 위해 일주일에 몇십분씩 투자하지는 않으며, 요리가 어떠한 훈련을 제공할 것이라고 기대하지도 않는다.

명상과 집중의 기술

작업기억과 통제주의력이 훈련할 수 있는 것이라면 이런 일이 언제부터 이루어졌는지에 관한 역사적 사례가 있을 것이다. 주의력과 훈련이라는 주제를 염두에 두고 시간을 몇 세기 거슬러올라가보자. 《선사의 대화》*에 나오는 다음 에피소드는 700여년 전에 일어난 일이다.

어느 날 평범한 남자가 이큐(一休) 선사**에게 찾아와 이렇게 부탁한다.

"법사님, 제게 가장 높은 지혜의 말씀을 써주시겠습니까?"

그러자 이큐 선사는 곧바로 붓을 들어 '주의력'이라고 쓴다.

"이게 전부입니까?" 남자가 당황한 듯 묻는다. "뭔가 덧붙이실 말씀이 없으십니까?"

그러자 이큐 선사는 똑같은 말을 두 번 연달아 쓴다. '주의력 주의력'

"글쎄요." 남자가 실망한 듯 말한다. "법사님이 쓰신 글에서 심오함이나 미묘함을 찾아볼 수가 없네요."

그러자 이큐 선사는 똑같은 말을 세 번 연달아 쓴다. '주의력 주의력 주의력'

짜증이 난 남자가 다그치듯 묻는다. "도대체 주의력이란 말에 무슨 뜻이 있습니까?"

• Dialogues of the Zen Masters
•• 14세기 일본의 대표적인 선승이자 시인. 일본의 예술과 문학에 선종(禪宗)의 이상을 주입하는 데 막대한 영향을 끼쳤다.

그러자 이큐 선사가 부드럽게 답한다. "주의력은 주의력이다."

눈을 지그시 감고 침착한 자세로 참선에 잠긴 부처의 모습은 집중의 전형적인 상징이다. 동양의 참선은 흔히 집중하는 활동 중 가장 순수한 형태로 간주된다. 하지만 이것이 과연 사실일까? 이 것이 실험심리학과 인지신경과학이 정의하는 의미의 주의력을 말하는 것인가? 명상이 실제로 이러한 기술을 향상시킬까?

명상과 주의력 통제의 유사성

선종은 불교의 한 종파로, 신비주의보다는 참선에 집중한다. 그 래서 선종을 종교라기보다 철학에 가깝다고 보는 시각도 있다. 선종은 불교가 인도에서 중국을 거쳐 일본으로 전파되는 과정에 서 발전했다. 일본에서는 8세기부터 선종이 발전하기 시작했다.

명상을 할 때는 눈을 반쯤 감고 앉아서 자세와 호흡에 집중한 다. 염불을 읊조리거나 어떤 이미지를 머릿속에 떠올릴 필요는 없 다. 대개 천천히 호흡하면서 호흡마다 하나씩 10까지 세고 다시 처음부터 세기 시작한다. 이렇게 호흡을 세는 이유는 생각이 흐트 러지기 시작할 때 스스로를 각성시키기 위함이다. 몇까지 셌는지 잊어버리거나 10을 넘어 16까지 셌다면 주의력을 잃어버렸음을 깨닫고 다시 처음으로 돌아가야 한다. 명상이 주의력 훈련과 매우 유사하다고 생각하는 사람들이 많다.

일본의 야츠타니 로쉬(安谷 白雲)(1885-1973) 선사는 참선을 다섯 가지 *종류로 나누었다. 그중 첫 번째가 범부선(凡夫禪)으로, 여기에는 그 어떤 특정한 철학적, 종교적 내용도 담겨 있지 않다.

범부선을 통해 집중하고 마음을 다스리는 법을 배운다. 사람들은 대부분 자신의 마음을 다스릴 생각을 하지 못한다. 불행히도 이러한 기본적인 훈련이 이른바 지식습득의 일부가 되지 못해 현대교육의 범주에서 벗어나 있다. 하지만 이런 훈련이 되어 있지 않으면 우리가 배우는 것을 마음속에 담아두기 어렵다. 배우는 과정에서 많은 에너지를 낭비하며 잘못 배우기 때문이다. 우리의 마음을 다스리고 집중하는 법을 모른다면 우리는 사실상 불구자나 다름없다.

마음을 '다스리고' '집중한다'는 개념은 주의력 통제의 개념과 매우 밀접해 보인다. 야츠타니 로쉬 선사가 범부선을 얼마나 중요하게 생각하는지, 범부선이 작업기억이나 주의력처럼 훈련가능함에도 불구하고 학교에서 무시당하는 현실을 얼마나 안타깝게 생각하는지 읽어보는 것도 흥미롭다. 주의력 통제에 대한 인식을 높이고 이를 강화할 수 있는 체계적인 훈련법을 마련하는 것이 필요하다고 하겠다.

• 다섯 가지 참선은 다음과 같다. 범부선, 외도선, 소승선, 대승선, 최상승선. 범부(凡夫)는 '평범한 사람'이라는 뜻으로, 범부선은 종교와 상관없이 일반대중이 현실적인 이익을 위해 참선하는 것이다.

과학과 명상

2000년대에 들어 신경과학자들은 이전까지 하찮게 생각하던 문제에 새로운 관심을 갖게 되었다. 이제는 의식과 뇌활동에 관한 연구가 허용되는 분위기다. 명상 역시 일종의 르네상스를 맞이하고 있다. 2만명 이상이 참석한 역대 최대규모의 2005년 미국 신경과학회(Society for Neuroscience) 정기총회에 티베트의 정신적 지도자 달라이 라마(Dalai Lama)가 연사로 초대된 사례가 대표적이다. 달라이 라마는 과학에 대한 자신의 관심을 이야기하고, 과학자들에게 공감에 대해 더 많이 연구해줄 것을 촉구했다. 달라이 라마 역시 과학에 의해 오류로 입증된다면 그 어떤 불교의 교리라도 기꺼이 버릴 의향이 있다고 공언했는데, 윤회 같은 많은 불교의 믿음이 사실상 오류를 입증하기가 불가능하다는 점을 고려하면 안심하고 해도 좋은 약속이었다.

캘리포니아대학교 데이비스캠퍼스, 프린스턴대학교, 하버드대학교 등 미국의 많은 연구기관에서 명상에 대한 연구가 진행 중이다. 여러 신경과학자와 불교 승려가 참석한 한 회의에서 유력한 인지신경과학자 낸시 칸위셔(Nancy Kanwisher)는 이렇게 말했다. "지금까지 인지신경과학은 주의력 훈련에 대해 거의 연구하지 않았다."

지금까지 이 주제에 대해 발표가 이루어진 연구는 몇 건에 지나지 않는다. 몇몇 의학, 심리학 관련 데이터베이스를 검색해보면 명상의 긴장완화 효과가 불안, 요통, 스트레스, 두통, 코카인 남용 등을 완화하는 데 어떻게 이용될 수 있는지, 그리고 면역계, 피부 전도성(skin conductance)*, 멜라토닌 분비 등에 어떤 영향을 미치는지에 관한 수많은 연구자료를 찾을 수 있다. 하지만 주의력 향상에 관한 명상의 역할에 대해서는 아직까지 과학적으로 명확히 규명되지 않았다.

두뇌와 명상에 관한 연구가 위스콘신대학교의 리처드 데이비슨(Richard Davidson) 교수에 의해 시행된 바 있다. 리처드 데이비슨 교수는 자신이 불교 신자이기도 하고 달라이 라마하고도 개인적으로 친분이 있다. 뉴런 활성화로 발생하는 전류를 뇌전도를 이용해 측정한 이 연구에서는, 만 시간에서 오만 시간의 명상 경험이 있는 티베트 승려 8명과 평범한 대학생 10명이 피험자로 참여해 '조건 없는 사랑'이라는 주제로 명상을 하는 동안 이들의 뇌활동을 관찰했다.

실험결과 여러 신피질영역의 활동을 구속하는 데 중요한 역할을 하는 것으로 추정되는 높은 주파수 신호(감마)가 승려들에게서 더 강하게 나타났다. 하지만 승려와 대학생들 사이에 관찰되는 차이를 어떻게 해석해야 하는지는 명확하지 않다.

줄리 브레프진스키-루이스(Julie Brefczynski-Lewis)와 리처드 데

---

* 피부가 전기나 열을 전도하는 성질. 땀을 흘리는 것은 주로 자율신경계의 영향을 받으므로, 피부전도성을 측정하는 것은 교감신경계의 활성을 알아보는 지표 중 하나다.

이비슨은 2007년 fMRI를 이용해 불교 승려의 뇌활동을 연구한 결과를 발표했다. 승려들에게 화면에 표시되는 점에 집중하도록 하면서 fMRI를 촬영했다. 승려들이 대조군보다 전두엽과 두정엽내고랑 영역(통제주의력과 관련이 있고 작업기억 훈련 후에 활성이 증가하는 영역)에서 더 높은 뇌활성을 보였다. 비록 간접적이기는 하지만, 명상을 통해 발달하는 통제주의력과 주의력 간의 연결고리가 여기에 있는 것으로 보인다.

참선수행자 13명과 일반인 13명을 비교연구한 또다른 2007년 연구에서는, 참선자들이 컴퓨터화된 통제주의력 테스트에서 더 높은 실력을 보였으며, 일반적인 노화현상으로 간주되는 회백질 체적과 반응시간의 저하가 훨씬 덜 현저하게 나타났다.

명상의 범주에 속하는 활동이 워낙 많기 때문에 주의력과 명상의 관계에 대해 어떤 획일적인 결론을 내리는 것은 불가능하다. 심지어 임제선(臨濟禪)**처럼 나름 잘 정의된 형태의 명상도 최소한 다섯 가지 종류의 참선을 포함하고 있고, 각기 뚜렷한 목적을 가지고 있다. 하지만 보다 정신적인 보상을 제공한다는 점은 제쳐놓고라도 이러한 명상, 즉 범부선은 주의력 통제에 대부분을 할애하고 있는 것처럼 보인다. 또한 줄리 브레프진스키-루이스와 리처드 데이비슨이 실행한 연구는, 특정한 종류의 명상이 대뇌에 미치는 영향이 통제주의력에 관여하는 것으로 알려진 시스템과 상

** 선종의 다섯 종파 중 하나인 임제종에서 하는 선법.

관관계를 가질 수 있다는 점을 보여준다. 때로 주의력은 단지 주의력일 뿐이다.

현재와 미래의 도전과제들

이제 현재로 돌아와 우리 환경의 변화가 우리가 직면한 정신적 도전과제들에 어떤 영향을 미치는지 살펴보자. 작업기억에 상당한 부담을 주는 많은 상황은 새로운 기기나 컴퓨터 프로그램의 사용법을 익히는 것 같은 새로운 기술과 관련되어 있다. 워드프로그램을 사용하다가 글에 하이픈을 넣고 싶다고 가정해보자. 하이픈을 넣는 방법을 모르기 때문에 도움말을 열어본다. 도움말에는 다음과 같은 정보가 들어 있다. "1. 도구메뉴에서 언어를 선택한 다음 '하이픈 넣기'를 클릭합니다. 2. '문서에 자동으로 하이픈 넣기'를 선택합니다. 3. '하이픈 넣기' 박스에서 마지막 단어의 끝과 오른쪽 여백 사이에 남길 공간의 양을 입력합니다." 이 정도의 지시사항을 작업기억에 담아둘 수 있는 사람이라면 칭찬을 받을 만하다.

사회의 변화는 복잡한 글과 증가하는 지시사항, 시시각각 급속하게 발전하는 기술과 동시다발적으로 벌어지는 상황들, 끊임없이 쏟아져나오는 최신 버전의 소프트웨어와 함께 일상생활에서 우리의 작업기억에 점점 더 큰 압박을 가한다. 이 책의 나머지 부분에서는 실험실을 벗어나 여러 다양한 상황 속에서 훈련한 사례들을 살펴보겠다. 최근 인기가 급상승하고 있는 활동 중 하나는 컴퓨터게임이다. 컴퓨터게임은 어떠한 효과를 가지고 있을까? 일각에서 우려하는 것처럼 컴퓨터게임이 아이들의 주의력에 해가 되지 않을까? 아니면 오히려 주의력 향상에 도움이 될까?

12장

컴퓨터게임은
두뇌훈련에 도움이 될까?

The Overflowing Brain

미시간에 살고 있는 제니퍼 그린넬(Jennifer Grinnell)은 오랫동안 다니던 가구회사를 그만두고 세컨드라이프(Second Life)라는 가상세계에 본격적으로 뛰어들었다. 세컨드라이프는 다중접속온라인게임(MMOG)*으로, 인터넷에 연결된 사용자들이 가상의 3D환경에서 건물과 땅을 사고 자신의 캐릭터('아바타'라고 부른다)뿐만 아니라 가구나 옷 같은 가상의 물건들을 만든다.

제니퍼 그린넬의 특기는 의상이나 액세서리를 디자인하는 것이다. 다른 사용자들은 그것을 구입해 자신의 아바타에 사용한다. 세컨드라이프를 이용한 처음 1달간 제니퍼 그린넬은 가구회사에서 버는 것보다 더 많은 수입을 올렸다. 그래서 3개월 후에는 본

• Massively Multiplayer Online Game

업을 그만두고 아예 본격적으로 가상세계에 뛰어들었다. 수백만 명의 다른 사용자들과 공유하는 가상세계에서, 단지 재미삼아 게임을 하는 사람들도 있지만 돈을 벌 목적으로 게임을 하는 사람들도 있다. 이런 식으로 발전한 공동체는 대학에서 경제학을 전공하는 학생들의 연구대상이 되기도 했다. 현재 세컨드라이프를 주제로 한 몇몇 사회학 프로젝트도 진행 중이다. 장애아동이 현실세계에서는 불가능한 방식으로 가상세계에서 당당한 일원이 되어 살아갈 수 있도록 할 수 있는지에 관한 연구가 대표적이다.

제니퍼 그린넬의 경우는 컴퓨터게임이 어떻게 점점 더 많은 사람들이 점점 더 많은 시간을 소비하는 가상세계를 만들어내는지 보여주는 극단적인 사례다. 세컨드라이프 또한 언제나 우리를 유혹하는 디지털 엔터테인먼트의 광범위한 영향력을 보여주는 사례다. 우리가 일상생활에서 주의력에 영향을 미칠 수 있는 활동을 찾다 보면 체스나 낱말 맞추기보다는 컴퓨터게임에 의존하기가 더 쉽다. 컴퓨터게임은 모든 연령대가 즐기지만 아직까지는 여전히 아동과 10대 청소년이 주 이용자층이다. 컴퓨터게임은 소수 컴퓨터 매니아의 오락에서 주요한 여가활동으로 발전해왔다. 아이들이 컴퓨터게임에 소비하는 시간이 많다 보니 컴퓨터게임이 두뇌와 인지기능에 영향을 미칠 수 있는 가능성도 높다고 할 수 있다. 문제는 어떤 식으로 영향을 미치는가 하는 점이다.

많은 부모들이 컴퓨터게임이 자녀에게 미치는 영향에 대해 우려하고 있다. 다음과 같은 세 가지 우려가 대표적이다. 게임에서

묘사되는 폭력성이 아이들을 공격적인 성향으로 만들 것이다. 운동부족이 아이들을 비만하게 만들 것이다. 매체의 성격상 주의력 문제와 ADHD 유사증상을 유발할 것이다.

컴퓨터게임의 폭력성에 관한 논의는 영화의 폭력성에 대해 수십년간 지속된 논의와 닮아 있다. 심각하게 받아들일 만하지만, 따로 논의해야 할 문제다. 운동부족이 아이들에게 미치는 영향 역시 중요한 문제이기는 하지만, 영양학자와 체육교육 정책 담당자들이 고민해야 할 부분이다. 여기서는 컴퓨터게임이 우리의 주의력에 어떤 영향을 미치는지 살펴보자.

컴퓨터게임의 폐해에 대한 공포

다음은 2001년 영국의 《옵저버》* 지에 실린 내용이다.

컴퓨터게임, 청소년의 두뇌발달 저해

첨단 뇌지도 분석결과, 컴퓨터게임이 청소년의 두뇌발달에 악영향을 미치고 폭력적인 행동을 스스로 자제하지 못하는 결과를 낳을 수 있다고 밝혀졌다.

논란이 되고 있는 새로운 연구결과에 따르면, 컴퓨터게임이 부모 세대보다 폭력적 성향이 훨씬 더 강하고 지적능력이 떨어지는 청소년 세대를 양산하고 있다.

• The Observer

통제력을 쉽게 상실하는 경향은, 컴퓨터게임 자체에 포함된 공격성을 청소년이 그대로 받아들이기 때문이라는 기존 과학계의 견해와는 달리, 컴퓨터게임이 두뇌발달을 저해함으로써 발생하는 악영향 때문인 것으로 추정된다.

이 기사에서 인용된 연구는 일본 도호쿠대학교의 신경과학자 류타 가와시마(川島 隆太) 교수가 실행한 것이다. 류타 가와시마 교수는 연구결과를 공식적으로 발표하지는 않았지만, 이후 닌텐도(Nintendo)사와 협력해 브레인에이지(Brain Age)라는 두뇌훈련 소프트웨어를 개발했다.

류타 가와시마 교수팀은 세 가지 상황, 즉 컴퓨터게임을 하는 동안, 휴식을 취하는 동안, 반복적인 연산훈련(1자리 숫자 더하기)을 하는 동안 아이들 두뇌의 혈류를 측정했다. 실험에 사용된 게임은 게임보이용으로 제작된 비교적 단순한 스포츠 관련 게임이었다. 게임보이는 닌텐도에서 만든 소형 휴대용게임기로, 어린이들에게 인기가 높다.

연구결과 컴퓨터게임은 단순히 시각과 운동피질을 활성화시켰으며, 전두엽을 활성화시키는 활동은 연산훈련임이 밝혀졌다. 이러한 활성화 패턴의 차이는 컴퓨터게임이 자극주의력에 미치는 높은 부담과 관련이 있을 수도 있다. 컴퓨터게임으로 자극반응의 속도는 높아지지만, 작업기억은 거의 필요하지 않은 것이다. 하지만 연산훈련은 작업기억을 많이 사용해야 하므로 전두엽을 활성화시킨다. 그렇다 해도 우리가 이 연구에서 도출할 수 있는 유일한 결론은, 스포츠 관련 컴퓨터게임은 전두엽을 활성화시키지 않는다는 사실이다.

물론 스포츠 관련 컴퓨터게임이 전두엽 기능을 강화시키지 않는다고 결론을 내릴 수도 있다. 비록 이것이 이러한 컴퓨터게임이 많은 다른 활동(여기에는 실제 스포츠도 포함될 수 있을 것이다)과 공유하는 특징이기는 하지만 말이다. 컴퓨터게임을 하는 동안 관찰되는 활성화가 어떤 식으로든 장기간 지속된다거나, 컴퓨터게임을 하는 것이 폭력적인 행동을 낳는다고 볼 수 있는 연구결과는 없다. 더구나 연구팀은 행동변화를 측정하지도 않았고 주의력이나 작업기억 테스트를 이용하지도 않았다. 실제 연구결과와 《옵저버》의 해석 간에는 현저한 차이가 있고, 이는 잘못된 정보가 언론매체에 의해 얼마나 쉽게 전파될 수 있는지를 보여준다.

컴퓨터게임의 긍정적 효과

많은 시간을 컴퓨터게임에 소비하는 청소년과 그렇지 않은 청소년을 비교한 여러 연구에서 컴퓨터게임을 많이 하는 청소년의 학업성취도가 더 낮은 것으로 밝혀졌다. 반면에 이러한 연구결과를 반박하는 다른 연구에서는 게임을 거의 하지 않는 청소년이 가장 불리한 입장에 놓였다. 이런 종류의 연구가 갖는 한 가지 문제점은, 과학자들이 모든 배후요소를 통제해 게임을 많이 하는 청소년이 기타 측면에서는 대조군과 다르지 않도록 만들기가 매우 어렵다는 것이다. 더구나 피험자의 주의력이나 작업기억을 이전부터 측정하지 않은 경우가 대부분이다. 이 때문에 피험자를 무작위로 두 그룹으로 나누고 그중 한 그룹은 컴퓨터게임을 하도록 해서 실험 전과 후에 두 그룹을 평가할 수밖에 없다.

이런 식으로 진행된 한 연구에서 테트리스(Tetris) 게임의 효과를 평가한 적이 있다. 화면 위에서부터 서서히 아래로 떨어지는 다양한 형태의 블록을 회전시키거나 좌우로 이동해 아래에 쌓인 블록의 빈칸에 넣어야 한다. 실험결과 11일간 테트리스를 한 피험자들이 대조군에 비해 여러 모양을 하나의 패턴으로 짜맞추는 시공간 문제(공간능력을 평가하기 위해 아이큐테스트에서 사용하는 것과 다르지 않은 과제)를 더 잘 풀 수 있게 되었다.

액션게임이 주의력에 미치는 영향을 면밀히 측정한 몇몇 연구 중 로체스터대학교의 숀 그린(Shawn Green)과 대프니 배블리어(Daphne Bavelier) 교수가 시행한 연구가 있다. 먼저 그들은 컴퓨터게임을 자주 하는 사람들과 거의 하지 않거나 아예 하지 않는 사람들을 비교했다. 실험대상자들은 연령, 성별, 교육수준 등 다른 측면에서는 거의 동등했다. 연구팀은 시각인지를 측정하는 몇몇 과제에서 피험자들의 성취도를 비교했다. 한 실험에서는 화면에 여러 개의 사물을 잠시 보여준 다음 피험자들에게 몇 개를 보았는지 물었다. 3개의 사물을 보여줄 때는 대부분 쉽게 대답했지만 4개를 보여주자 대조군(게임을 거의 또는 전혀 하지 않는 사람들)

에서 10회에 1회꼴로 오답이 나왔다. 동일한 과제에서 실험군은 훨씬 더 높은 성취도를 보였다. 사물이 6개가 되어서야 대조군과 같은 오답률을 보였다.

또다른 실험에서는 주의력의 속도를 측정했다. 피험자들에게 한 번에 하나씩 일련의 글자를 간신히 인식할 수 있을 만큼 빠른 속도로 보여주고 글자 A를 보면 버튼을 누르도록 했다. 우리가 대상을 인식할 때 연이어서 나오는 새로운 대상을 인식하는 능력이 순간적인 주의깜박임(attentional blink)*에 의해 다소 손상된다는 것은 잘 알려진 사실이다. 컴퓨터게임을 자주 하는 그룹은 이러한 주의깜박임이 대조군에 비해 짧았다. 그들은 첫 대상 이후에 나오는 새로운 대상을 더 빠르게 인식할 수 있었다.

컴퓨터게임을 자주 하는 그룹이 다른 측면(연령, 성별, 교육수준 등)에서 대조군과 다르지 않으므로 두 그룹 간에 관찰되는 차이는 오로지 컴퓨터게임 때문에 발생하는 것임을 확실히 하기 위해 추가적인 실험을 진행했다. 이 추가실험에서는 게임을 하지 않는 사람들만 두 그룹으로 나눈 다음 그중 한 그룹은 메달오브아너(Medal of Honor)라는 액션게임을, 다른 그룹(대조군)은 테트리스를 하게 했다. 하루에 한 시간씩 10일간 게임을 한 이후에 첫 번째 실험에서 사용한 것과 같은 테스트로 피험자들을 평가했다. 여기서도 역시 실험군에서 성취도 향상이 관찰되어 첫 번째 실험결과

---

* 특정자극이 뇌의 주의를 끌면 순간적으로 인지오류가 생기는 현상.

를 다시 한 번 확증해주었다.

실험 참가자들의 성취도 향상을 알아보기 위해 사용한 테스트가 지각능력을 측정한 것인지, 지각속도를 측정한 것인지, 아니면 (필자의 해석대로) 자극주의력을 측정한 것인지는 논쟁의 여지가 있다. 하지만 한 가지 부인할 수 없는 사실은, 컴퓨터게임이 특정한 기능을 향상시킨다는 것이다. 테트리스와 비교한 두 번째 실험도 다양한 컴퓨터게임이 갖는 특정한 효과를 보여주었다는 점에서 흥미롭다. 따라서 게임의 장르와 이 게임이 발달시키는 기술에 대해 좀더 면밀하게 살펴보지 않고 획일적으로 컴퓨터게임에 대해 이야기하는 것은 무의미하다.

의학적으로 가장 많은 관심을 받은 게임장르는 액션게임이다. 하지만 가장 많이 팔리는 게임은 심즈(The Sims)다. 이 게임에서 플레이어는 가상공간 인물들의 사회생활과 웰빙을 최적화하고, 집 안에 가구를 들여놓기도 하고, 직장에 제시간에 출근하도록 한다.

스웨덴 국립공중보건연구소(National Institute of Public Health)는 최근 컴퓨터게임의 효과에 관해 발표된 30건의 연구를 체계적으로 검토한 보고서를 내놓았다. 이 보고서에 따르면 6건의 연구가 공간추리능력과 반응시간의 향상을 입증했으며, 주의력에 악영향을 보인 연구는 없었다.

미래 디지털사회의 컴퓨터게임

따라서 컴퓨터게임이 주의력을 손상시킨다거나 청소년에게 ADHD를 유발한다는 증거는 없다. 새로운 연구결과들이 계속해서 발표되고 있기 때문에 이 문제에 대해 단정적인 결론을 내릴 수는 없지만, 주의력 문제와 컴퓨터게임 간의 연관성에 관해 회의적일 수밖에 없는 이유는, 현재로서는 그러한 연관성이 어떻게 발생하는지 설명할 메커니즘이 없다는 것이다. 가령 자극주의력을 강화하면 통제주의력이 약해진다는 일반적인 원리를 입증하는 연구가 필요한데, 현재로서는 이를 뒷받침할 만한 연구결과가 없다. 심리학자들이 대규모 인구를 대상으로 자극주의력과 통제주의력을 측정해보니 둘 간에 통계적으로 유의미한 관계는 없었다. 즉 축구를 하거나 프랑스어를 공부한다고 해서 수학 실력이 떨어지는 것은 아니다.

물론 하루 24시간이라는 한정된 시간 속에서 여러 가지 것들을 하다 보면 소홀해지는 일이 생길 수밖에 없다. 따라서 어떤 아이가 컴퓨터게임에 많은 시간을 소비한다면 수학 숙제를 할 시간이 별로 없게 된다. 비록 컴퓨터게임보다는 TV 시청이 더 큰 문제이기는 하지만 말이다. TV 시청은 컴퓨터게임보다 수동적인 여가활동이고, 인지적으로 보다 도전적인 것에 시간을 투자함으로써 작업기억을 향상시킬 기회를 빼앗는다. 이렇게 부정적인 영향을 미치는 것은 TV 프로그램 자체의 속사포처럼 빠른 편집이나 과잉정보 탓이 아니다. 작업기억을 훈련하지 않는 다른 활동들에 의해서도 지적정체라는 동일한 결과가 야기될 수 있다. 아인슈타인노화 연구에서는 자전거 타기에 많은 시간을 소비하는 사람들한테서 약한(사소한) 부정적 영향이 관찰되었다.

하지만 컴퓨터게임이 설령 시간낭비라 할지라도, 테트리스 게임 연구나 숀 그린과 대프니 배블리어 교수가 입증한 것처럼 컴퓨터게임이 시공간추리능력과 지각능력 등을 향상시키는 긍정적 효과를 낳을 수도 있다. 컴퓨터게임이 보상하는 능력은 게임마다 다르다.

게임을 통해 아이들에게 철자, 외국어, 수학 등을 가르치는 두뇌훈련 프로그램이 시중에 많이 나와 있다. 이중 대부분은 장기기억에 지식을 반복적으로 주입하거나 특정기술을 연습하는 것이다. 작업기억과 주의력 등 특정한 기본적 인지기능을 훈련하기 위한 또다른 종류의 프로그램이 인터넷에 등장하기 시작했다. 겉으로 볼 때 이런 프로그램들은 훈련 프로그램이라기보다는 신경심리학 테스트에 더 가깝고, 번호 회상이나 반응시간 테스트 같은 다양한 과제를 포함하고 있다. 이런 프로그램들 중 유익한 것도 많겠지만, 아무런 도움도 안되는 훈련을 포함하고 있는 것도 있다. 제대로 된 평가를 받지 않는 한 어떤 프로그램이 효과가 있고 어떤 프로그램이 시간낭비인지 알기는 어렵다. 어떤 효과가 있으려면 올바른 훈련을 해야 할 뿐만 아니라 지속적인 변화를 불러올 수 있는 방식, 즉 적절한 난이도와 충분한 기간, 강도로 훈련해야 한다. 일주일에 한 번 인터넷에 접속해서 몇 가지 게임을 하는 것이 지속적인 효과를 갖기는 어렵다.

시리어스게임즈(Seriousgames.org)는 레이저서전(Laser Surgeon)* 과 심헬스(SimHealth)** 같은 타이틀을 보유하고 있다. 이것은 게임 기술을 이용해 보건과 리더십 분야에서 기량을 키울 수 있도록 한 프로그램들이다.

ACE(Applied Cognitive Engineering)사는 이 분야에서 흥미로운 게임을 하나 내놓았다. 이 업체는 농구선수들의 인지능력을 향상시키는 다소 좁은 틈새시장을 공략했다. 인텔리짐(Intelligym)이라는 이 프로그램은 게임을 이용해 주의력, 의사결정, 공간인지 같은 일련의 기본적인 지능을 향상시키도록 제작되었다. 원래 이스라엘 전투기 조종사들의 기량을 향상시키기 위해 개발된 프로그램이었는데, 현재는 프로농구팀용으로 바뀌어 판매되고 있다. 업체는 이 프로그램을 통해 농구팀의 기량을 25퍼센트 향상시킬 수 있다고 주장하고 있으나 실제 효과를 입증하는 대조군 연구는 없다.(설령 효과를 입증하는 대조군 연구가 있다 해도 군사기밀에 해당하기 때문에 이스라엘군이 기밀로 보관하고 있을 것이다.)

언젠가는 이제 막 입증되기 시작한 훈련효과에 관한 지식을 이용한 게임이 나올 것이다. 이러한 게임은 어드벤처와 액션의 매력

* 외과수술 교육용 시뮬레이션 게임.
** 보건 시스템, 병원 경영 시뮬레이션 게임.

을 문제해결 능력과 작업기억을 향상시키는 플레이에 결합한 형태가 될 것이다. 이러한 추세가 다가오고 있음을 보여주는 한 가지 징후가 닌텐도의 브레인에이지 출시다. 브레인에이지는 비교적 단순한 수학 문제를 푸는 등 특정한 과제를 수행하게 함으로써 사용자가 두뇌를 훈련할 수 있도록 제작된 게임이다. 게임보이용으로 개발되었지만 두뇌훈련을 원하는 성인을 주요대상으로 하고 있다. 게임 한 판이 끝나면 두뇌연령 평가가 업데이트된다. 게임을 잘하면 두뇌연령이 감소하고 게임을 잘못하면 두뇌연령이 치매의 어두운 심연으로 한 걸음 다가선다. 이 게임은 수백만 대가 팔리면서 공전의 히트를 기록했다.

필자는 개인적으로 이 게임에 제시된 과제들이 실제로 훈련효과를 내기에는 너무나 초보적이라고 생각한다. 더구나 게임이 전반적인 두뇌 향상이나 특정한 인지기능 향상에 효과가 있음을 입증하는 어떤 연구도 없다. 게다가 실제 효과가 있다 하더라도 게임이 너무 지루해서 어떤 효과를 낼 만큼 충분히 오랫동안 사용자가 매달리고 싶어하지도 않는다. 하지만 게임 자체와 이 게임을 닌텐도가 개발했다는 사실은 새로운 경향이 등장했음을 의미한다. 이미 같은 장르의 새로운 게임들이 시장을 점령하고 있다.

신경과학자 마이클 메르제니치 박사가 이끄는 연구팀을 보유한 포지트사이언스(Posit Science)사는 좀더 과학적인 접근법을 취하고 있다. 대조군과 직접비교한 전적은 없지만, 일정부분 두뇌훈련 프로그램의 효과를 입증한 대규모 연구가 있다. 루모시티

(Lumosity)사는 온라인 인지훈련 프로그램을 판매하고 있다. 2008년 현재 이 프로그램에 대해 공식적으로 발표된 연구결과는 없지만, 업체가 내놓은 백서에 따르면 시각인식에 효과가 있고 작업기억 향상 효과는 매우 미미하다.

불과 한 세기 전만 하더라도 아이들은 몇 시간씩 앉아서 책을 읽는 것 같은 부자연스런 짓을 하기보다는 밖에 나가서 마음껏 뛰어놀거나 집안일을 도우라는 말을 들었다. 독서는 아이들의 두뇌를 혼란스럽게 만들고 체력을 약화시키고 시력을 망치는 것으로 간주되었다. 하지만 사실 독서는 새롭게 태동하는 정보화시대를 준비하는 훌륭한 토대를 제공했다. 어쩌면 컴퓨터게임이 앞으로 다가올 정보집약적 디지털사회에 비슷한 토대를 제공할지도 모른다.

그렇다면 우리의 작업기억은 어떤 변화를 겪게 될까? 우리 주변에서 일어나는 환경변화의 총체적 효과는 무엇일까? 우리 주변의 끊임없는 방해요소들 때문에 전반적으로 주의력이 떨어졌는가? 우리 모두는 주의력결핍성향을 나타낼 수밖에 없는 운명인가? 아니면 우리 사회의 더 큰 요구와 도전과제(어쩌면 우리가 하는 컴퓨터게임을 포함해서)는 우리가 끊임없이 인지기능을 훈련하고 있다는 의미일까?

13장

평균 아이큐가 상승하는
플린효과

The Overflowing Brain

앞서 언급한 바와 같이 뉴질랜드의 심리학자 제임스 플린 교수는 1900년대에 걸쳐 아이큐 점수가 어떻게 향상되었는지, 그리고 그것이 어떤 향상이었는지를 입증했다. 1932년에 100이었던 평균 아이큐가 1990년에 이르러서는 120이 되었다. 1990년에 평균 100점을 기록한 사람이 만약 1932년으로 돌아간다면 최상위 15퍼센트에 들 수 있는 것이다. 일각의 주장에 따르면 아이큐 점수 향상 곡선이 점점 가팔라지고 있는 것처럼 보인다. 1950년대, 1960년대, 1970년대 매년 평균 0.31점씩 상승하던 아이큐 점수가 1990년대에 이르러서는 매년 0.36점씩 증가했다. 이런 결과는 지능을 고정된 것으로 생각해왔기 때문에 놀랍지 않을 수 없다. 하지만 여러 연구는 이런 결과가 사실이 아닐 수 있음을 시사한다.

많은 사람들이 '지능'이라는 말을 듣자마자 경계태세를 취한다는 점을 고려해보면, 이 시점에서 지능이라는 말의 과학적 의미에 관해 몇 마디 하는 것이 좋을 것 같다. 많은 사람을 대상으로 여러 가지 심리테스트를 시행해보면 테스트 결과에 '양의 상관관계'[*] 가 있음을 알 수 있다. 이는 한 테스트에서 평균 이상의 점수를 받은 사람들이 다른 테스트에서도 대개 평균 이상의 점수를 받는다는 것을 말한다. 이는 모든 테스트 성적에 영향을 미치는 한 가지 요소, 즉 '일반요소'(general factor)가 존재함을 의미한다.(일반요소는 영문 앞글자를 따 g로 표기한다.) 이러한 가설은 통계적 방법을 이용해 발견한 것이다. 그리고 아이큐 점수는 측정된 정신연령을 실제 나이로 나눠 100을 곱한 값이다.

일반요소의 수와 그 요소들이 나타내는 바는 1900년대 심리학계의 주요한 논의대상이었다. 가장 유력한 이론 중 하나는 미국의 심리학자 레이먼드 커텔(Raymond Cattell)과 존 호른(John Horn)이 제안한 것으로, '결정성지능'(crystallized intelligence = gC)과 '유동성지능'(fluid intelligence = gF)이 가장 중요한 두 가지 일반요소라는 것이다. 결정성지능은 어휘와 일반지식을 다루는 과제의 성취도를 담당하는 반면, 유동성지능은 일반지식과 무관한 비언어적 문제와 추론과제에서 성취도가 사람마다 다른 이유를 설명해준다.

[*] 변하는 두 양 사이의 관계를 상관관계라고 한다. 한쪽이 증가할 때 다른 쪽도 증가하면 '양의 상관관계', 한쪽이 증가할 때 다른 쪽은 감소하면 '음의 상관관계'가 있다고 말한다.

게다가 스위스의 과학자 장-에릭 구스타브손은 일반요소와 가장 관련이 높은 것은 유동성지능임을 입증했다. 유동성지능과 레이븐스 매트릭스는 밀접한 상관관계를 갖는 과제다. 그렇다면 정의상 유동성지능은 일련의 테스트로 측정가능하다. 그런데 유동성지능은 레이븐스 매트릭스의 성취도와 상관성이 매우 높아서, 때로 심리학자들은 유동성지능에 관해 뭔가 선언하려면 레이븐스 매트릭스 같은 테스트에 대한 성취도를 측정하기만 하면 된다고 생각하기도 한다. 그리고 여기서도 작업기억이 개입된다. 앞에서 살펴본 것처럼 작업기억 테스트에 대한 성취도와 레이븐스 매트릭스에 대한 성취도 또한 상관관계가 높기 때문에, 많은 사람들이 작업기억 능력이 유동성지능의 가장 중요한 잠재적 결정인자라고 주장한다.

아이큐 개발하기

환경조건이 유동성지능에 영향을 미친다면 훈련을 통해 유동성지능을 개발하는 것도 가능할 것이다. 그렇다면 이를 입증하는 연구가 있는지 좀더 자세히 살펴보자.

지금까지 두뇌훈련 연구 가운데 1980년대 초반 베네수엘라 바르키시메토(Barquisimeto)의 낙후한 지역에서 시행된 '지능프로젝트'(Project Intelligence)가 가장 대규모다. 이 프로젝트는 베네수엘라 정부가 시작했지만 하버드대학교의 연구진도 참여했다. 교사와 과학자들이 13~14세 학생들에게 관찰기술과 분류, 연역 또는 귀납적 추론, 언어의 비판적 사용, 문제해결, 창의성, 의사결정 등을 훈련시키기 위한 프로그램을 만들었다. 실험군은 한 학년 내내 특별수업을 받은 463명의 학생들로 구성되었고, 대조군은 정규 교과과정을 이수한 432명의 학생들로 구성되었다. 문제해결과 논리적 추론 등 일반지능을 측정하기 위해 연구기간을 전후해 다수의 테스트가 시행되었다.

대부분의 테스트에서 매우 긍정적인 결과가 나왔다. 특별수업을 받은 집단은 평균 성취도가 약 10퍼센트 향상되었다. 개략적으로 말해 이런 결과는 대조군의 정상 진도를 고려할 때 실험군의 아이큐가 10퍼센트 증가한 것을 의미한다. 모든 학생이 나이와 성별, 예비테스트 결과에 관계없이 같은 정도로 성취도가 향상되었으며, 이는 특별수업이 예비테스트에서 낮은 점수를 받은 학생들에게만 도움이 된 것이 아님을 시사한다.

훈련효과의 또다른 예는 학업성적이 낮은 이스라엘 학생들이 '도구적 심화 프로그램'이라고 알려진 문제해결 코스를 이수함으로써 아이큐를 향상시킬 수 있었던 것에 관한 연구다. 흥미롭게도 훈련과정이 끝난 후에도 실험군과 대조군 간의 차이가 사라지지 않았다. 사실 훈련의 효과는 해가 갈수록 증대되었다. 이러한 현상은 양성 피드백의 결과로 해석할 수 있다. 즉 향상된 능력이 더 많은 지적자극을 주고, 이 자극은 다시 능력을 향상시킨다. 문제해결 능력을 키운 아이는 수학 문제가 더 쉬워졌다고 느끼게 된다. 이렇게 되면 수학 공부에 더 많은 시간을 할애하게 되고, 이는 다시 문제해결 능력의 더 큰 향상으로 이어진다.

이러한 양성 피드백 효과는 읽기에 어려움이 있는 아이들을 대상으로 시행된 연구에서도 관찰되었다. 아이들이 집중적인 훈련 프로그램을 거치면 읽기 실력이 향상되고, 그 결과 매일 더 많은 시간을 읽기에 투자하면서 읽기 실력이 더욱 일취월장하게 된다.

유고슬라비아의 심리학자 라디보이 크바시체프(Radivoy Kvashchev)는 일련의 연구를 진행했다. 그는 세르보크로아티아어(Serbo-Croatian)˙로만 연구결과를 발표했지만, 제자가 그것을 영어로 번역했다. 라디보이 크바시체프가 시행한 연구에서 296명의 학생이 3년간 일주일에 서너 시간씩 '창의적 문제해결' 훈련을 받았다. 대조군과 비교해 학생들의 아이큐 점수가 5.7점 상승했고 백분율로도 거의 같은 향상을 보였다. 훈련이 끝나고 1년 후에 시행한 후속연구에서는 이런 차이가 7.8점으로 벌어짐으로써 양성 피드백 효과가 나타났음을 알 수 있었다.

독일의 심리학자 카를 클라우어(Karl Klauer)가 이끈 연구에서는 레이븐스 매트릭스를 풀 때와 거의 같은 방식으로 7세 아동들이 패턴을 인식해 규칙을 찾아 적용하는 '귀납적 추론' 훈련을 받았다. 4개의 사물 중 같은 그룹에 속하는 3개와 버려야 하는 1개를

˙ 유고슬라이바의 공용어 중 하나로 슬라브계 언어.

고르는 과제였다. 아이들을 소그룹으로 나눠 5주간 하루에 두 과씩 교육을 시켰다. 수동적인 대조군과 비교해 실험군은 레이븐스 매트릭스 성취도가 향상되었고 이 효과는 이후 6개월간 지속되었다.

유동성지능을 향상시키는 것으로 입증된 일련의 연구에 필자의 연구팀이 얻은 결과와 수잰 재기 연구팀이 시행한 작업기억 훈련에 대한 연구결과를 덧붙일 수 있다. ADHD 아동에게 작업기억 훈련을 시켰더니 레이븐스 매트릭스 성취도가 8퍼센트 향상되었다. 이런 정도의 성취도 향상은 라디보이 크바시체프와 카를 클라우어가 얻은 결과뿐만 아니라 지능프로젝트에서 도출된 결과와도 일치한다.

문제해결 능력이 작업기억과 함께 향상된다는 사실은 이 두 가지 현상 간에 알려진 연관성을 고려할 때 당연하다고 볼 수 있다. 어쩌면 작업기억이 여러 지적능력 중에서 개발가능한 부분일 수도 있고, 바로 이 점이 다양한 훈련을 연구하는 핵심적인 이유다. 훈련을 통한 작업기억의 향상은 플린효과를 이해하는 데 열쇠가 될 것이다.

나쁜 것들은 알고 보면 모두 좋은 것

훈련과 특수설계된 교육이 어떻게 아이큐를 향상시키는지에 관한 여러 연구는 아이큐가 단순히 유전되는 것이 아니라고 주장하는 사람들에게 확실한 근거를 제공한다. 지능은 우리가 날 때부터 갖고 태어나는 절대적인 지적도구가 아니다. 훈련이 아이큐에 영향을 미칠 수 있다면 우리를 둘러싼 심리적 환경도 아이큐에 영향을 미칠 수 있을 것이다. 심리학자 울릭 나이서(Ulric Neisser)가 1988년에 출간한《상승곡선》*에서는 일단의 저명한 심리학자들이 우리의 환경에서 어떻게 플린효과의 원인을 찾을 수 있는지 논의한다. 〈아이큐의 문화적 진화〉**라는 제목의 기고문에서 퍼트리샤 그린(Patricia Green)은 20세기 후반에 아이큐에 가장 큰 영향을 미친 요인은 정보흐름과 사회복잡성의 증가라고 주장한다.

저술가 스티븐 존슨(Steven Johnson)도《나쁜 것들은 알고 보면 모두 좋은 것이다》***에서 보다 구체적으로 같은 주장을 펼쳤다. 그는 대중문화가 평균적으로 지난 30년에 걸쳐 점차 복잡해지고 지적으로 어려워졌으며, 어떤 이유로 매체도 최소 공통분모가 아닌 더 많은 것을 요구하는 사람들에게 초점을 맞추고 있다고 주장한다. 그는 또한 이렇게 복잡성이 증가한 것이 플린효과의 원인 중 하나라고 본다.

---

* The rising curve
** The cultural evolution of IQ
*** Everything bad is good for you. 우리나라에서는《바보상자의 역습》(비즈앤비즈, 2006)이라는 제목으로 출간되었다.

TV와 영화에 관한 한, 복잡성이 증가한 것은 여러 이야기가 동시에 진행되는 복잡한 이야기구조 때문이다. 시청자들은 복잡한 이야기구조를 따라가며 이해해야 한다. 1970년대 인기 TV드라마 〈스타스키와 허치〉*의 극적 전개구조를 보면 직선형임을 알 수 있다. 각 에피소드는 도입부와 결말이 있고, 2명의 주인공과 하나의 이야기구조로 구성된다. 하지만 1990년대 TV드라마인 〈사인필드〉**나 〈소프라노스〉***의 에피소드를 분석해보면, 다섯 가지에서 열 가지의 줄거리가 서로 얽히고설킨 복잡한 이야기구조를 보인다.

이야기구조의 복잡성을 증가시키는 또 한 가지 요소는, 전후관계와 정보를 부분적으로만 던져줌으로써 정황이나 등장인물 관계를 시청자가 스스로 파악해야 한다는 것이다. 느긋하게 앉아서 결말이 어떻게 끝날까 궁금해하는 것이 아니라 지금 벌어지고 있는 상황을 파악하는 데 많은 시간을 소비해야 한다. 다시 말하면 지속적인 문제해결 과정이라고 할 수 있다. 요즘 영화의 이야기구조는 대개 시간적 순서가 너무나 단편적이어서 관객은 현재 진행되는 상황을 이전까지의 내용과 연관지어 이해하기 위해 여러 퍼즐조각을 끊임없이 맞춰봐야 한다. 이는 꽤나 까다로운 과제다.

• Starsky and Hutch

•• Seinfeld

••• The Sopranos

스티븐 존슨은 또한 복잡성이 증가한 예로 컴퓨터게임에 대해서도 비교적 심도 있는 글을 썼다. 사용설명서만 해도 200쪽이나 되는 그랜드테프트오토(Grand Theft Auto)(플레이어가 차를 훔쳐 가상의 도시를 누비면서 여러 가지 나쁜 짓을 저지르는 게임) 같은 게임이 팩맨(Pac-Man) 같은 고전게임보다 복잡하다는 점은 대부분 인정할 것이다.

하지만 이러한 복잡성이 어디서 기원하는지 정확한 진단을 내리는 일은 쉽지 않다. 스티븐 존슨은 프로빙(probing)과 텔레스코핑(telescoping)^{••••}이라는 두 가지 구성요소를 제시했다. 프로빙은 규칙에 명확성이 부족한 데서 기인한다. 규칙에 명확성이 부족하면 플레이어는 무엇을 해야 하는지, 어떻게 해야 하는지 스스로 알아서 파악해야 한다. 이를 위해 플레이어는 게임이 진행되는 방식에 대해 여러 가지 가설을 세우고, 추가적인 프로빙을 통해 이런 가설들을 반복적으로 테스트한다.

텔레스코핑은 계층별로 이루어진 여러 목표와 하위 목표로 구성된 문제들을 풀어나가는 과정이다. 닌텐도의 어드벤처게임 '젤다의 전설 : 바람의 택트'(The Legend of Zelda: The Wind Waker)는 원래 게임보이용으로 제작되었다가 보다 강력한 콘솔게임기용으로 개량되었다. 게임의 기본적인 이야기구조는 작은 섬 출신의 소년

•••• 프로빙의 사전적 뜻은 '진실을 조사하기 위해 면밀히 살피는 것'이고, 텔레스코핑은 '서로 포개져 짧아지다'는 뜻의 텔레스코프(telescope)에서 파생된 단어다.

이 드넓은 세상으로 나가서 납치된 소녀를 구하는 것이다. 이 게임의 이야기구조도 그랜드테프트오토와 마찬가지로 그다지 문학적인 가치는 없지만, 스티븐 존슨은 다소 하찮은 이야기 속에도 인지적 도전이 존재할 수 있다고 주장한다. 이를 입증하듯 젤다의 미션 중 하나는 다음과 같이 구성되어 있다.

- 당신은 왕자를 만나 그에게 편지를 전달해야 한다.
- 이를 위해 산을 올라야 한다.
- 이를 위해 협곡을 건너야 한다.
- 이를 위해 수영해서 건너갈 수 있도록 협곡을 물로 채워야 한다.
- 이를 위해 폭탄을 이용해 샘을 막고 있는 큰 바위를 폭파해야 한다.
- 이를 위해 폭탄 식물을 키워야 한다.
- 이를 위해 소녀가 준 병에 물을 모아야 한다.

따라서 텔레스코핑은 일련의 하위 목표를 조직화하고 이를 명심하는 것으로 구성된다.

퍼트리샤 그린과 스티븐 존슨의 주장은 모두 나름대로 일리가 있다. 하지만 두 사람 모두 복잡성의 의미에 대한 정확한 기준을 제시하지는 못했다. 그들은 자신이 말한 복잡성을 측정할 수 없기 때문에 복잡성이 실제로 증가했는지 입증할 수 없고, 결국 훈련효과를 입증할 만한 어떠한 데이터도 갖지 못했다.

하지만 스티븐 존슨이 말한 복잡성은 작업기억 부하와 어느 정도 관련이 있어 보인다. 가령 텔레스코핑에 대한 그의 정의는 머릿속에 많은 하위 목표를 보유하는 작업기억 과제와 똑같다. '복잡성'을 '작업기억 부하'로만 바꾸면 스티븐 존슨의 생각은 작업기억 훈련의 효과를 입증한 연구와 아인슈타인노화연구의 결과, 지능프로젝트와 이스라엘 학생들을 대상으로 한 연구, 카를 클라우어와 라디보이 크바시체프의 연구에서 관찰된 문제해결 능력의 향상과도 일맥상통한다.

이러한 모든 현상이 서로 연관되어 있고 플린효과의 숨은 원인이 작업기억 때문이라고 본다면 그 의미는 가히 혁명적이라고 할 만하다. 어쩌면 우리는 게임과 미디어, 정보기술이 우리의 작업기억에 점점 더 많은 부하를 가중시키는 사회에 살고 있는지도 모른다. 이는 결국 인구 전체의 평균적인 작업기억과 문제해결 능력을 향상시키고, 이는 다시 과부하와 복잡성을 높이는 결과를 낳고 있다. 그렇다면 인간의 평균 지능이 실제로 상승하고 있는 것일까?

14장

인지능력을
향상시키는 약물들

The Overflowing Brain

플린효과는 시간이 지남에 따라 일반지능이 어떻게 점진적
으로 향상되는지를 말해준다. 환경적 요구가 증가하면서 지적능
력도 그에 맞게 증가하는 상황에서 이러한 추세가 계속될까? 과
학자들은 뇌에 대한 지식을 이용해 지적능력을 더욱 높일 수 있을
까?

　제1장에서 필자는 "자신의 뇌기능을 스스로 조작할 수 있는 능
력은 철기시대 야금술의 발전만큼이나 강력하게 역사의 흐름을
뒤바꾸어놓을 수 있다"고 주장한 한 신경과학자의 글을 인용한
바 있다. 같은 내용을 주장하는 신경과학자들은 인지능력의 향상
추세를 인식하고 다양한 관련 주제에 대한 논의를 촉발시키고자
했다. 인지능력의 향상은 두뇌-컴퓨터 상호작용, 신경외과학, 정
신약리학 같은 흥미롭고 유망한 기술을 사용해서 변화에 대한 두

뇌의 수용능력을 개척하는 것을 의미한다.

저자들이 다룬 첫 번째 문제는, 약물 같은 물질이 일부 기능이 손상된 사람을 치료하는 수단에서 건강한 사람의 능력을 높이는 도구로 바뀔 때 벌어지는 일이다.

저자들이 제기한 두 번째 문제는 보다 철학적이다. 인지기능 향상은 자동차 엔진을 튜닝하는 것과는 다르다. 향정신성약물은 사람의 성격에도 영향을 미칠 수 있다. 저자들은 이런 약물을 사용하면 이전과 비교해 다른 사람이 될 수 있다고 경고한다. 이렇게 되면 정체성에 관한 심리적 문제와 책임에 대한 철학적 문제가 야기될 위험이 있다.

지능을 끌어올리기 위한 약물

논의의 대상에 자주 오르는 약물 중 하나가 ADHD에 관한 장*에서 이미 설명한 '중추신경홍분제'다. 처음에는 주의력에 문제가 있는 사람들의 정신기능에 영향을 미치는 제한적인 효과 정도만 생각한 것이 곧 일반적인 효과로 판명되었다. 미국 국립정신보건원 (NIMH)**의 주디스 래포트(Judith Rapoport) 박사가 이끄는 연구

---

* 제9장
** National Institute of Mental Health

에서 평균 이상의 인지능력을 가진 7~12세의 남자아이들을 두 그룹으로 나눠 한 그룹에게는 위약을, 다른 그룹에게는 소량의 암페타민(대개 ADHD 아동에게 처방하는)을 투여한 후 테스트를 시행했다. 실험결과 암페타민을 투여한 그룹의 소년들에게서 인지능력이 향상되었다. 이들은 더 차분하게 앉아 있었고 질문의 수도 줄었다.

보다 최근의 연구에서는 리탈린(Ritalin)이라는 상표명으로 알려진 메틸페니데이트(methylphenidate)에 대해서도 비슷한 효과를 입증했다. 심리검사를 통해 암페타민이나 메틸페니데이트의 효과를 측정해본 결과, 이들 약물이 각성 수준을 높이고 반응시간을 단축시키고 작업기억 용량을 약 10퍼센트 향상시킬 뿐만 아니라 과잉행동과 주의력결핍 증상을 상당히 완화해주는 것으로 밝혀졌다.

사람들을 단순히 주의력 문제가 있는 집단과 그렇지 않은 집단으로 분류할 수 없다는 점을 고려할 때, 메틸페니데이트가 ADHD 증상이 없는 일반인에게도 효과가 있다는 사실은 특별히 놀랄 만한 일은 아니다. 주의력의 정도를 나누는 경계는 매우 유동적이다. 메틸페니데이트의 일반적인 효과에 대해서는 이미 많은 사람들에게 알려졌다. 특히 시험공부를 위해 이 약을 복용하기 시작한 대학생들 사이에서는 이미 널리 알려진 지식이다. 미국 대학생의 16~18퍼센트가 학습능력 향상을 위해 흥분제를 복용하고 있다고 주장하는 보고서도 있다. 과학저널 《네이처》가 2008년 시행한 조사에 따르면, 응답자의 약 20퍼센트가 인지능력 향상을 위해 약물을 복용한 경험이 있는 것으로 밝혀졌다. 일본에서는 처방을 받지 않고 리탈린을 복용하는 사례가 너무도 만연해 결국 당국이 해당 약물에 대한 전면금지 조치를 내리기도 했다.

ADHD 진단을 받지 않은 사람들이 약물을 남용하는 문제가 많은 우려를 낳고 있다. 이렇게 인기가 치솟다 보면 약물을 복용하지 않던 사람들조차 복용의 필요성을 느끼게 되지 않을까? 학업에 뒤처지는 학생들에게 교사가 약물복용을 권장하게 되지는 않을까? 승진이나 정리해고 압박에 시달리는 직장인들도 이런 약물복용의 유혹을 느끼게 되지 않을까?

이런 약물 중에서 가장 먼저 시판된 제품이 리탈린이고 현재도 가장 높은 시장점유율을 보이고 있다. 앞으로도 유사한 인지능력 향상 약물이 시장에 쏟아져나올 것으로 보이는 징후들이 곳곳에서 감지되고 있다. 장기기억 부호화에 관여하는 세포들에 대한 지식이 증가한 덕분에, 약 40종의 약물이 현재 개발 중에 있다. 엠파킨(ampakine)*으로 알려진 약물은 이러한 부호화 과정을 촉진하고, 노벨의학상 수상자인 에릭 캔들이 공동창업한 메모리제약회사(Memory Pharmaceuticals)가 개발한 멤(MEM)1414라는 약물은 뉴런 간의 연결과 장기기억을 강화하는 효과가 있는 것으로 기대를 모으고 있다. 혹시 이런 약물을 복용하면 모든 사소한 일까지도 영원히 기억에 각인될 거라고 걱정하는 사람이 있다면, 안심해도

• 기억력, 학습능력을 증진하는 것으로 알려진 합성물질.

좋다. 장기기억을 지우는 약물도 현재 개발 중에 있기 때문이다. 이런 약물은 '외상후스트레스장애'(post-traumatic stress syndrome) 같은 질환을 치료하는 데 사용될 것으로 보인다.

세포생물학에서는 기억에 대한 지식을 이용해 쥐의 유전자를 성공적으로 조작해서 쥐가 기억과제를 더 잘 수행할 수 있도록 만들었다. 스포츠 분야에서는 유전자 도핑에 관한 우려의 목소리가 높다. 인지기능 향상을 위해 유사한 도핑을 상상할 수 있을까? 인간과 컴퓨터의 상호작용은 수십년간 공상과학 소설가들을 매료시켰다. 2006년 과학자들은 마비된 사람의 뇌신호를 컴퓨터로 전달해 기계 팔을 작동하는 것을 보여주었다. 뉴런을 컴퓨터에 직접 통합하는 원리를 알게 된다면 미래의 가능성은 무한할 것이다. 어쩌면 컴퓨터를 두뇌를 위한 별도의 플러그인 메모리로 이용해 작업기억을 2년마다 업그레이드할 수 있을지도 모른다.

'우리의 일용할 약물' 대신 지적훈련

인위적인 수단을 통해 두뇌를 향상시킨다는 발상은 흥미롭지만 사실 새로운 것은 아니다. 새로운 것은 오로지 물질뿐이다. 카페인은 암페타민과 효과가 매우 유사하고 우리가 수세기 동안 '자가투약'을 해온 물질이다. 카페인은 잠을 제대로 못 자 피곤할 때 피곤함을 잊게 해주고 평소보다 많은 시간을 일할 수 있게 해준다. 따라서 우리는 떳떳하게 커피가 피로도에 대한 기준을 바꾼다고 주장할 수 있다. 하지만 우리는 이미 커피에 적응이 되었다. 여기에 어떤 도덕적 딜레마가 있을까? 고용주 때문에 커피를 마셔야 한다는 압박감을 느끼지는 않는가? 커피가 우리의 성격을 변화시킬까?

질병치료용으로 개발된 약물을 건강한 사람이 능력을 향상시키기 위해 사용하는 것에 현재 우리는 경고를 받고 있다. 이러한 추세는 지금도 우리와 함께 있다. 적절한 예는 중년여성이 나이를 먹음에 따라 자연스럽게 발생하는 호르몬 감소를 막고자 에스트로겐을 복용하는 것이다. 두뇌에도 노화에 따른 자연스런 변화가 있다. 가령 도파민 수용체의 농도는 25세부터 10년에 약 8퍼센트의 비율로 서서히 떨어진다. 도파민 수용체의 상실이 노화에 따라 작업기억이 점진적으로 감퇴하는 원인일지도 모른다. 리탈린은 도파민 분비를 촉진시킨다. 따라서 우리가 에스트로겐 대체요법을 허용한다면 '도파민 대체요법'도 허용해야 하지 않을까? 필자가 추정컨대 15년쯤 후에 중년들은 두뇌의 다양한 신경전달물질이 자연스럽게 감소하는 것을 막기 위해 만들어진 여러 약물을 칵테일처럼 정기적으로 마실지도 모른다. 오늘날 일부 중년여성이 에스트로겐을 복용하는 것처럼 말이다.

저자들이 말한 미래의 추세 대부분은 이미 현실화되었다. 오늘날 우리가 별생각 없이 많은 약물을 복용하고 있다는 사실은, 우리가 점점 약물과 기술을 사용하는 것에 무감각해지고 있다는 의미인지도 모른다. 이런 점에서 앞으로의 발달에 영향을 미치는 결정적인 요인은 어떤 윤리적 태도가 아니라 단순히 약물의 효능과 장단기적 부작용의 가능성일지도 모른다.

이는 결코 사소한 실용적 측면이 아니라 중대하고 복잡한 문제다. 아무런 부작용이 없다면 필자도 기꺼이 머리가 좋아지는 미래의 칵테일을 마실 것이다. 하지만 부작용이 없는지 어떻게 알겠는가? 만약 기억력을 좋게 하는 약이 작업기억은 향상시키지만 창의력은 떨어뜨린다면, 주의력에 문제가 있는 일부 사람들에게는 도움이 되겠지만 다른 사람에게는 도움이 되지 않을 것이다. 만약 항우울제가 우리를 행복하게 만들지만 사랑에 빠지는 능력을 앗아간다면 우리는 효율적이기는 하지만 재미없는 사회로 나아가게 될 것이다. 이런 가정이 올더스 헉슬리(Aldous Huxley)*의 소설을 읽은 사람들에게는 분명해 보이겠지만, 창의력이나 사랑의 효과를 파악하기는 방법론적으로 매우 어렵고, 거대 제약업계가 우리를 위해 그런 일을 해줄 의향도 없다.

인지능력 향상 약물이 창의력이나 사랑에 영향을 미치는지에 관해 확실하게 알려진 바는 아직 없다. 하지만 필자가 이것을 예로 든 데는 나름의 근거가 있다. 칼럼니스트 제프리 재슬로(Jeffrey Zaslow)가 〈아인슈타인이 리탈린을 복용했다면?〉**이라는 글에서

• 19세기 영국의 소설가. 근대과학에 대한 맹목적인 신뢰 탓에 펼쳐지는 디스토피아를 다룬《멋진 신세계(Brave new world)》등을 썼다.

•• What if Einstein had taken Ritalin?

묘사한 것처럼, 리탈린을 복용하면서 연상능력과 창의력이 떨어졌다고 생각하는 사람들이 있고, 농담을 하고 남을 웃기는 능력이 떨어졌다고 느끼는 아이들도 있다.

신경학자 올리버 색스(Oliver Sacks)는 자신의 저서《아내를 모자로 착각한 남자》˚에서 도파민 시스템에 영향을 미치는 약물을 복용하기 시작한 환자의 사례를 설명한다. 이 환자는 약물이 증상 완화는 제쳐두고라도 자신의 명랑함과 드러머로서 갖고 있는 창의력을 약화시켰다고 주장했다. 그래서 환자는 주중에는 일을 하기 위해 약을 복용하다가 주말에는 자신이 속한 재즈밴드에서 마음껏 드럼을 연주할 수 있도록 약 복용을 중단했다.

사랑에 관해서는, '행복의 알약'으로 불리는 프로작(Prozac)과 졸로프트(Zoloft) 같은 약들이 세로토닌 시스템과 연관성이 있다는 제안들이 나오고 있다.

필자에게는 훈련을 통한 능력 향상이 가장 안전한 방법으로 보이기는 하지만, 그것이 필자 자신의 연구주제라는 점에서 필자 역시 편견으로부터 자유롭지 못하다. 그래도 인구의 절반이 지적능력을 향상시키는 약을 계속해서 복용하는 것보다는 정신훈련을 통한 정신건강 관리에 더 많은 관심을 기울이는 편이 낫다. 말이 나온 김에 아예 주의력과 작업기억 훈련을 학교 교과과정에 포함시키는 것은 어떨까?

• The man who mistook his wife for a hat

소비자가 다이어트를 위해 영양성분표를 보고 아침식사 대용 시리얼을 고르는 것처럼, 게임회사들이 게임을 출시할 때 작업기억 부하를 명시한 '인지성분표'를 제품에 붙이도록 할 수도 있겠다. 혈당지수(glycemic index)** 대신에 자극주의력과 통제주의력 간의 비율을 나타내는 지표는 어떨까? 작업기억을 요구하는 놀이시간을 백분율로 나타내는 것은 어떨까?

** 음식을 통해 섭취한 탄수화물이 소화되는 과정에서 포도당으로 전환되어 혈당을 높이는 비율을 나타낸 수치.

15장

정보의 홍수에서,
몰입으로 나아가다

The Overflowing Brain

CNN 뉴스를 볼 때 앵커의 멘트를 들으면서 동시에 화면 아래로 지나가는 주식시세를 읽으려고 하면 아마도 당신은 정보 소화능력이 한계에 다다랐다는 느낌을 받을 것이다. 당신의 두뇌가 정보의 홍수에 빠진 것이다. 작업기억이라는 렌즈를 통해 이 상황을 분석해보면 당신의 느낌은 정량화가 가능하다. 정보의 두 흐름이 동시에 유입되면 작업기억에 상당한 부담이 된다. 전두엽과 두정엽의 특정영역은 흡수할 수 있는 정보의 양에 한계가 있다. 시야 주변에서 유혹하는 각종 광고를 무시하면서 인터넷에서 복잡한 글을 읽으려고 하면 작업기억에 상당한 부담을 주는 주의분산 과제에 직면하게 된다. 워드프로그램의 도움말 기능을 이용할 때는 작업기억에 과부하를 가하는 정보를 모두 흡수하기 위해서 같은 설명을 여러 번 읽어야 할 것이다.

'복잡성의 증가'나 '정보흐름의 증가' 등으로 다소 모호하게 정의되는 정보화사회의 많은 변화는 작업기억에 부하를 가하는 주요 원인이다. 변화의 속도는 최근 몇 년간 점점 더 빨라지고 있으며, 느려질 기미는 전혀 보이지 않는다. 모바일기술이 멀티태스킹을 해야 하는 상황을 더 많이 만들고 있으며, 여기서 휴대전화 사용은 단지 시작에 불과하다. 무선통신과 노트북컴퓨터가 엄청나게 많은 새로운 멀티태스킹 상황을 만들어내고 있다. 노트북컴퓨터와 와이파이의 대중화로 거리나 카페에서 인터넷검색을 하는 모습은 이제 휴대전화 사용만큼이나 흔한 풍경이 되었다. 차량 GPS * 장치도 보편화되고 있다. 머지않아 이런 장치가 운전자의 반응시간을 얼마나 지연시키는지에 관한 연구가 시행될 것으로 기대된다. 공상과학 영화에서나 등장할 법한 아이디어들이 이미 현실화되었다.

오늘날의 사무실 풍경을 설명하기 위해 책의 서두에서 언급한 것처럼, 방해요소가 늘어나고 정보요구가 증가하는 환경에서 우리는 주의가 산만해지고 한 가지 일에 집중하기 어렵다는 느낌을 자주 받는다. 여러 점을 이어 하나의 그림을 완성해보면, 이렇게 증가하는 인지적 요구가 우리의 두뇌에 끼치는 부정적인 영향을 우려하지 않을 수 없다. 하지만 다행히도 지적으로 까다롭고 도전적인 상황에 노출되는 것이 우리의 주의력을 손상시킨다는 연

---

* Global Positioning System. 위성항법장치.

구결과는 없다. 사실 많은 연구가 반대의 결과를 내놓고 있다. 즉 우리 능력의 한계를 시험하는 상황 속에서 두뇌훈련의 효과가 극대화된다는 것이다. 플린효과는 바로 이러한 우리 삶의 복잡성과 다양한 요구의 증가가 정보처리와 문제해결 능력의 향상으로 이어진 것이라고 해석할 수 있다.

그렇다면 우리가 주의력결핍을 느끼는 이유 중 하나는 요구와 능력 간의 불일치에서 찾아볼 수 있다. 다시 말해 우리가 경험하는 증상은 상대적인 주의력결핍인 것이다. 작용하는 메커니즘은 ADHD의 경우와 동일하다. 도전과제와 능력 간에 균형이 맞지 않는 것이다. 거리에서 길을 찾아헤매는 사람도 그의 능력이 줄어든 것이 아니라 정보 부하가 그가 직면한 여러 가지 요구에 추가적인 부담을 지우는 것이다. 여러분이 오늘 스팸메일을 지우면서 전화 통화를 하는 능력은 3년 전보다 10퍼센트는 증가했을 것이다. 반면 하루에 받는 이메일 수는 200퍼센트쯤 증가했을 것이다. 따라서 능력이 부족하다는 느낌과 이러한 능력의 향상 간에는 어떠한 모순도 없다.

정보 스트레스에 대처하는 법

우리는 정보의 홍수를 무작정 받아들여야 하는가? 그렇게 하다 보면 자연히 우리의 능력도 거기에 맞게 향상될 것이라는 희망을 가지고 말이다. 아니다. 꼭 그럴 필요는 없다. 우리는 항상 정보를 받아들일 수 있는 능력 범위의 한계를 인식해야 한다. 정보요구가 이 범위를 초과하면 어떤 일이 벌어지는지에 대한 구체적인 예가 휴대전화 관련 자동차 사고다.

새로운 정보의 홍수를 신중하게 받아들여야 한다고 충고하는 또다른 요소는 스트레스와 연관된 것이다. 최근 스트레스에 대한 우리의 이해가 깊어졌고, 높은 수치의 스트레스 호르몬이 뇌를 포함해 심장과 혈관, 면역계를 비롯한 거의 모든 신체영역에 얼마나 심각한 피해를 주는지 보여주는 연구결과가 셀 수 없을 정도로 많다. 뇌와 관련해 스트레스 증가는 작업기억과 장기기억의 손상으로 이어질 수 있다. 과학자들은 또한 스트레스, 특히 외상후스트레스장애에서 나타나는 것 같은 심각한 스트레스가 장기기억의 정보저장에 중요한 뇌의 해마를 파괴한다는 사실을 밝혀냈다.

하지만 이는 장기적이고 높은 수준의 스트레스에 해당하는 말이고, 적당한 일시적 스트레스는 오히려 약이 될 수 있다. 각성처럼 스트레스에도 최적의 효과를 내는 적절한 수준이 있다.(제2장 50~51쪽 참고)

정보의 양과 스트레스 호르몬 사이에는 단순한 연관성은 없다. 스탠퍼드대학교의 생물학자 로버트 새폴스키(Robert Sapolsky) 교수는 저서 《왜 얼룩말한테는 궤양이 없을까》*에서 스트레스에 대한 각종 연구를 돌아보고 스트레스의 잠재적 요인을 분석한다. 스트레스 수준은 상대적이고, 자신이 처한 상황을 어떻게 해석하는지와 관련이 있다. 키워드는 '통제능력'이다. 스트레스는 주로 우리가 통제할 수 없다고 느끼거나 알고 있는 상황과 관련되어 있다. '학습된 무기력'(learned helplessness)**은 자신이 처한 상황을 통제할 수 없다고 지레 포기해버리는 사람들을 설명하기 위해 생겨난 말이다. 따라서 스트레스는 우리 자신의 태도와 매우 관련이 깊다. 어떤 사람에게는 식은땀을 흘리게 하는 기술적 문제도 어떤 사람에게는 흥미로운 도전과제에 지나지 않는다.

사람들이 매일같이 쏟아지는 이메일 홍수를 어떻게 인식하는지 조사한 연구가 있다. 조사결과 대부분의 사람들은 대처할 수 있는 능력에 한계를 느낄 정도로 너무 많은 이메일을 받고 있다고 주장했다. 하지만 흥미로운 점은 그들이 불평하는 정도가 그들이 받는 이메일 수와는 전혀 무관하다는 것이다. 하루에 20통의 이메일을 받는 사람도 100통을 받는 사람만큼이나 많은 불평을 쏟아냈다. 정보 부하를 흥미로운 도전과제로 인식하고 능력개발의 기회로 삼는다면 우리의 정보 스트레스도 줄지 않을까?

• Why zebra don't get ulcers. 우리나라에서는 《스트레스 : 당신을 병들게 하는 스트레스의 모든 것》(사이언스북스, 2008)이라는 제목으로 출간되었다.
•• 자신의 능력이나 의지로 어찌할 수 없는 상황에 반복적으로 노출되고 나면, 자신의 능력으로 충분히 피하거나 극복할 수 있는 문제에 맞닥뜨려도 지레 자포자기하게 되는 것을 말한다.

왜 우리는 더 많은 자극과 정보를 원할까?

우리 능력의 한계를 뛰어넘는 일이 성공을 가져오는 경우는 드물다. 하지만 그렇다고 해서 우리가 한계에 도전하지 말아야 한다는 뜻은 아니다. 우리에게는 자신의 한계를 극복하고자 하는 흥미로운 경향이 존재한다. 우리는 더 많은 정보와 더 많은 자극, 더 많은 복잡성을 원한다. 게임 개발이 좋은 예다. 어린이와 청소년용으로 개발된 닌텐도 게임보이 최신판에는 동시에 플레이할 수 있는 2개의 화면이 장착되어 있다. 닌텐도가 사전조사를 철저히 해서 이러한 동시플레이가 아이들과 청소년들에게 인기를 끌 것임을 알아냈다고 볼 수밖에 없다. 게다가 게임 자체도 더욱 복잡해지고 있다.

많은 사람들이 멀티태스킹을 요구하는 상황이나 정보에 압도당하는 것을 스스로 추구한다. 누군가가 회의 중에 휴대전화를 꺼내 문자메시지를 보내거나 이메일을 읽는다면 그것은 자발적인 행동이지 그들을 무자비한 기술적 진보의 희생자로 만드는 행동이 아니다. 스티븐 존슨은 TV 프로그램이 어떻게 점점 더 복잡해지고 있는지 보여주었다. 복잡하게 얽히고설킨 이야기구조 때문에 시청자는 극의 전개를 이해하기 위해 더 많은 문제해결 노력을 기울여야 한다. 복잡한 이야기구조에는 분명 시청자를 끌어당기는 매력이 숨어 있다. 스티븐 존슨은 또한 더 복잡한 컴퓨터 프로그램이 자극을 추구하는 인간의 잠재적 욕구를 충족시킨다고 주장한다.

도전과제와 능력이 일치하는 몰입의 경지

미국의 심리학자 미하이 칙센트미하이(Mihály Csíkszentmihályi)는 '몰입'(flow)이라는 개념에 관해 글을 썼다. 우리가 하고 있는 일에 완전히 집중하고 몰두할 때 느끼는 감정이 몰입이다. 그림을 그리는 화가가 자신의 작품에 너무 몰두한 나머지 자신에 대한 생각이나 시간의 흐름까지도 잊게 되는 상태가 몰입이다. 또한 의사가 자신의 모든 능력과 기술을 동원해야 하는 까다로운 수술을 할 때도 몰입에 도달할 수 있다.

미하이 칙센트미하이는 몰입을 유발하는 환경을 식별하기 위해 노력해왔다. 그의 생각에 따라 상황이 제시하는 도전과제와 여기

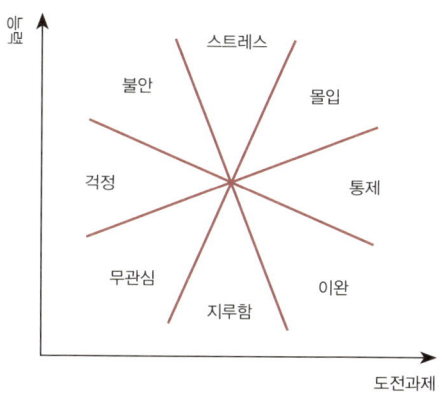

| 그림 15-1 | 미하이 칙센트미하이가 개발한 그래프를 보면 도전과제와 능력에 따른 다양한 심리상태를 알 수 있다. (자료 : 미하이 칙센트미하이, 1997년)

에 관여하는 사람의 능력 측면에서 분석해보면, 몰입은 높은 수준의 도전과제와 능력을 특정으로 하는 환경(행위자의 능력이 수행 중인 과제의 요구와 정확히 일치하는)에서 발생한다.

미하이 칙센트미하이가 개발한 그래프를 위가 북쪽인 인지지도라고 보면, 북동쪽에서 몰입 상태를 발견할 수 있다. 도전과제가 능력을 초과하면 우리는 스트레스를 받는다. 능력이 도전과제보다 높으면 우리는 통제감을 느끼고, 도전과제 수준이 떨어짐에 따라 지루함을 느끼게 된다.

'능력'을 '작업기억 능력'으로 바꾸고 '도전과제'를 '정보 부하'로 바꾸면 정보요구의 주관적 측면을 보여주는 지도를 작성할 수 있다. 정보요구가 우리의 작업기억 능력보다 높으면 우리는 지도의 북쪽에서 상대적인 주의력결핍을 경험하게 된다. 하지만 단순히 정보요구가 너무 낮아서 지루하거나 관심이 가지 않는다고 해서 이러한 요구를 회피해서는 안된다. 뒤집어 말하면, 우리는 자극과 정보에 대한 욕구를 충족시켜야 할 이유가 있다. 정보요구와 작업기억 능력(즉 도전과 능력)이 평형상태일 때 비로소 몰입할 수 있는 상황이 마련된다. 그리고 능력을 최대한 발휘하는 상황에서 우리는 능력을 개발하고 훈련할 수 있다.

작업기억 부하가 작업기억 용량과 정확히 일치하고 우리가 마법의 숫자 7의 언저리에서 맴돌 때 훈련효과가 극대화된다. 이제 이런 사실을 알았으니까, 환경을 통제하고 우리가 하는 일을 재정립해서 능력을 키우는 것은 우리 자신의 몫이다. 도전과 능력의 균형을 찾아 지도의 북동쪽, 즉 능력을 극대화할 수 있는 몰입의 경지로 찾아갈 수 있게 도와주는 나침반을 완성해보자.

찾아보기